W0173673

Henning Boetius

Die Wasserstoff- wende

Eine neue Form der Energieversorgung

Deutscher Taschenbuch Verlag

Originalausgabe
April 2005
© 2005 Deutscher Taschenbuch Verlag GmbH & Co. KG,
München
www.dtv.de
Umschlagkonzept: Balk & Brumshagen
Umschlagbild: © mauritius-images/phototake
Redaktion und Satz: Verlagsbüro Lektyre, Olaf Benzinger, Germering
Gesetzt aus der Bembo 11,5/14°
Druck und Bindung: Kösel, Krugzell
Gedruckt auf säurefreiem, chlorfrei gebleichtem Papier
Printed in Germany · ISBN 3-423-24449-6

Inhalt

Einleitung

Unser Thema ist nicht nur naturwissenschaftlich orientiert, es hat auch eine anthropologische, ja sogar eine kulturelle Seite. Energie ist ein Zivilisations- und auch ein Kulturindikator.

Wir Menschen gehören wie alle Organismen zu den metastabilen Systemen. Das bedeutet, wir können nur so lange existieren, wie wir in irgendeiner Form Energie, sei es als Nahrung oder Wärme, aufnehmen. Wir müssen nicht nur unsere innerkörperlichen Verbraucher, unsere Organe, unser Hirn mit Energie versorgen, wir müssen auch eine Systemtemperatur von rund 37 Grad aufrechterhalten, ansonsten würden wir sterben, zu Staub und Knochen zerfallen, mit anderen Worten: Unser physisches Dasein würde in einen stabilen Zustand übergehen. Wir können Menschen als kleine Energiekraftwerke bezeichnen. In der Frühgeschichte reichte der eigene Körper weitgehend aus, seinen Energiebedarf selbst zu decken. Ein Viertel PS (Pferdestärke) leistet übrigens die Muskulatur eines Menschen im Durchschnitt.

Was unsere geistige Existenz anbelangt, so benötigt auch sie ständige Energiezufuhr, nicht nur als Nahrung im konkreten Sinne, sondern auch im übertragenen Sinne in Form von Information, um nicht in jenen stabilen Zustand überzugehen, der den geistigen Tod bedeutet: Dummheit, Vorurteile, Erstarrung in Konventionen.

Einen Teil der von uns verbrauchten Energie strahlen wir nach außen als Wärme ab, selbst wenn wir uns noch so gut anziehen. Diese Wärme ist für immer verloren, sie verschwindet im Nirwana chaotischer Molekularbewegungen. Wir gehören somit nicht nur zu den metastabilen, sondern auch zu den dissipativen Systemen, man sagt auch »konservativen« Systemen, für die es typisch ist, dass bei der Energiewandlung von chemischer in kinetische, von kinetischer in potenzielle Energie und so weiter ein Teil als Verlust abgebucht werden muss. Dissipative Systeme haben grundsätzlich einen geringen Wirkungsgrad, dies ist der Grund dafür, dass sie besonders energiehungrig sind. Vielleicht ahnen wir dies, vielleicht ist diese Tatsache tief in unser Unbewusstes eingeschrieben, vielleicht hat in unserer Welt der Fußbodenheizungen und Klimaanlagen etwas von der archaischen Angst urzeitlicher Höhlenbewohner überlebt, mit einem zu geringen Vorrat an Energieträgern wie Nahrung und Holz nicht durch den Winter zu kommen, und vielleicht neigen wir deshalb zu Verschwendung und Maßlosigkeit im Umgang mit Energie.

Die Menschheit hängt nun schon seit dem Mittelalter am Tropf der in fossilen Energieträgern gespeicherten Kohlenwasserstoffe. In ihrem Öldurst gleicht sie einem Alkoholiker, der nicht aufhören kann. Wir wissen, wir müssen weg davon, müssen auf Entzug, auf weniger leber- und lebensschädigende Getränke umsteigen. Darin sind sich im Grunde alle Experten einig. Doch das suizidale Lustverhalten eines Trinkers ist nicht so einfach abzustellen. Er ist abhängig von diesem Stoff. Seine Hände zittern bei dem Gedanken, es käme kein Sprit mehr aus den Zapfsäulen dieser Welt. Wie ein Geisterfahrer rast er lieber weiter in der falschen Richtung.

Kann die Vision einer umfassenden Wasserstofftechnologie in diesem erd- und menschheitsklinischen Zusammenhang eine Perspektive sein – also eine auf dem Energieträger Wasserstoff aufgebaute Infrastruktur mit den entsprechenden passendenn für den Lebensstandard nötigen Endverbrauchergeräten wie Heizungen, Stromerzeugern, Automobilen? Die einen sehen in dieser Vision eine Art Heilslehre, die anderen eine Sackgasse, die aus wirtschaftlich-ökonomischen Gründen nicht sehr weit führen wird.

Der Autor dieses Buches versucht, weder in das eine noch das andere Extrem zu verfallen. Es geht ihm vielmehr darum herauszuarbeiten, was diese Technologie beinhaltet, welche Chancen sie bietet, welche Probleme sie aufwirft. Dabei wird versucht, das Thema nicht unter einem Berg von Details und Fakten aus dem Ingenieurswesen zu ersticken. Dennoch kann nicht darauf verzichtet werden, in einiger Breite möglichst viele Aspekte der komplizierten Sachverhalte darzustellen. Wichtig ist, die Terminologie, die Begrifflichkeit sowie die teilweise sehr abstrakten Zusammenhänge so umfassend und allgemeinverständlich wie möglich vorzustellen und zu diskutieren.

Wenn jemand zum Beispiel das Wort »Energie« in den Mund nimmt, weiß er häufig nicht oder nicht genau, was mit diesem Begriff eigentlich gemeint ist, wie er physikalisch definiert wird, wie weit seine umgangssprachliche Verwendung vom exakten Inhalt abweicht und so fort. Diese Unschärfe in der Terminologie belastet die Diskussion um das Thema »Wasserstoff als Energieträger« nicht unerheblich. Auch hier will das Buch Abhilfe schaffen. Dazu dienen immer wieder Passagen, in denen physikalisches Schulwissen so aufgearbeitet und möglichst plastisch erläutert wird, dass auch der Laie mit dem Thema etwas anfangen kann. Natürlich verlangen solche Abschnitte einiges an Leseenergie. Ich gehe jedoch von der Erfahrung aus, dass Oberflächlichkeit in der Faktendarstellung am Ende zu viel größeren Verständnisproblemen führt als begriffliche Aufarbeitung der Diskussion.

Wichtig sind auch immer wieder Verweise auf geschichtliche Zusammenhänge. Den so wichtigen Begriff der Elektrizität, der auch für eine zukünftige Wasserstoffwirtschaft eine zentrale Rolle spielt, kann man am besten durch einen historischen Rückblick auf die in verschiedenen Phasen abgelaufene Entwicklung dieses so eminent wichtigen und menschliches Leben immer radikaler prägenden Phänomens erklären.

Die Brennstoffzelle ist neuerdings mehr und mehr in die Rolle eines Hoffnungsträgers zukünftiger Energiewirtschaft hineingewachsen. Längst wird sie nicht mehr nur für Spezialeinsätze in der Weltraumfahrt oder U-Boot-Technik eingesetzt, kommt sie doch inzwischen als Stromquelle und Energielieferant für den Autoverkehr, für Groß- und Kleinkraftwerke und für informationsverarbeitende Geräte wie Laptops und Mobiltelefone in Frage. Wir werden deshalb die Brennstoffzelle in ihren verschiedenen Spielarten besonders ausführlich behandeln.

Im ersten Teil des Buches werden die theoretischen Grundlagen des Themas im Vordergrund stehen. Dann werden die wichtigsten Bausteine einer Wasserstofftechnologie vorgestellt und erläutert. Anschließend wird die Vision einer globalen Wasserstofftechnologie in den Mittelpunkt gerückt, ergänzt um die Vorstellung einiger praktischer Schritte in ihre Richtung.

Über eines muss man sich im Klaren sein: Der Mensch ist trotz Voltaire und Aufklärung kein Vernunftwesen. Mag es auch noch so viel vernünftige Argumente für die Ablösung fossiler Energieträger durch den globalen Einsatz von Wasserstoff geben (Umweltschutz, Vermeidung von Treibhausgasen, Unabhängigkeit von politischen Bruchzonen und so weiter), sie nur aufzuzählen reicht nicht. Die langfristig unumkehrbar steigenden Ölpreise sind da schon eher ein wirksames Argument mit erzieherischer Wirkung.

Doch sind sie nicht eine ungerechte Knute? Treffen sie die armen Bevölkerungsteile nicht zuerst und die reichen Industrienationen zuletzt? Gewiss, wer es sich leisten kann, im Allradfahrzeug die Zeitung zu holen, ist auch in der Lage, den doppelten Preis für Benzin zu zahlen. Doch die Destabilisierung der Welt in ihren komplexen wirtschaftlichen Strukturen wird durch steigende Energiepreise in jedem Fall vorangetrieben.

Bei der Werbung für neue Energieträger scheint es mir statt der Drohgebärde eines negativen Szenarios viel wichtiger zu sein, die irrationalen Eigenschaften der menschlichen Psyche anzusprechen. Die Vernunft mag zehn Prozent der Persönlichkeit ausmachen. Den Hauptanteil machen Gefühle, magisches Denken, Religiosität, Libido, Sexualität, Ängste, Neurosen, Macken aus. Diese Reviere menschlicher Existenz gilt es anzusprechen. Nur so lässt sich die ewige und unfruchtbare Polarisierung in grüne Weltverbesserer und konservative Vertreter eines »Weiter so!« abbauen. Fußball, Fernsehen, Autofahren sind nun einmal Marktführer des Zeitvertreibs. Wie will man die große Masse der Klein- und Mittelklassefahrer denn von der Notwendigkeit überzeugen, ihre geliebte Mobilität neuen Verkehrstechnologien zu überlassen? Es geht nur über ein »Wasserstoff ist geil«, es geht nur, wenn man nicht allein an Vernunft und Umweltgewissen appelliert. Das Auto ist auch in einer Wasserstoffwelt Lustobjekt und Kompensationsmittel. Wer es wöchentlich wäscht, wer seinen Armaturen einen liebevollen Blick schenkt, wer dem sonoren Auspuffgeräusch gerne lauscht, wer ein Ohr für das Zuklappgeräusch der Türen hat, dem darf man dies nicht lehrerhaft vorwerfen. Man muss ihm deutlich machen, dass ein Wasserstoff-Brennstoffzellenauto sich genauso als Lustobjekt eignet wie ein konventionelles Fahrzeug, vielleicht ja sogar noch mehr, wenn man es mit neuen, innovativen und raffinierten Techniken ausstattet wie zum Beispiel einer Scheibenwaschanlage, die ihr Wasser aus dem Auspuff bezieht.

Die derzeitige Situation der Energieversorgung

Ein Mann steht vor einer Standuhr und zieht sie auf, indem er einen Schlüssel dreht und damit einen kleinen Flaschenzug bewegt, der ins Uhrwerk integriert ist. Beide Bleigewichte wandern nach oben, hochgezogen von der Muskelkraft des Mannes. Die Uhr beginnt zu ticken, das Pendel bewegt sich hin und her. Für eine Woche kann der Mann die Uhr sich selbst überlassen, dann sind die Gewichte wieder unten im Gehäuse angelangt, und er muss die Uhr erneut aufziehen – an diesem simplen Sachverhalt lassen sich wichtige Aspekte unseres Themas veranschaulichen: Die Menschheit steht ebenfalls vor einer Uhr, die allerdings nicht sie, sondern die Sonne vor etlichen Jahrmillionen aufgezogen hat. Einige aufgeklärte Köpfe beobachten derzeit gespannt, wie tief die Uhrengewichte bereits im Gehäuse gesunken sind, und versuchen, Prognosen anzustellen, wann sie am Boden angelangt sind und die Energieuhr stehen bleibt.

Wir Menschen brauchen, wie bereits gesagt, Energie: um uns zu wärmen, um zu kochen, um uns fortzubewegen und, neuerdings mehr und mehr auch, um Informationen zu sammeln, auszutauschen und mit ihnen zu arbeiten und zu spielen. Der Verbrauch ist gewaltig und er steigt immer noch an, dank Bevölkerungsexplosion und Steigerung des Lebensstandards in den unterentwickelten Regionen. China ist in dieser Hinsicht die größte Zeitbombe, die ihrer Explosion entgegentickt.

Ein paar Zahlen: Der spezifische Energieverbrauch eines Menschen ist das, was er im Durchschnitt während einer Stunde an Energie benötigt, um in seinem Milieu zurechtzukommen, das heißt ein Leben durchschnittlicher Akzeptanz zu führen. Wegen der unterschiedlichen ethnologischen, politischen, wirtschaftlichen, klimatischen und geologischen Verhältnisse auf der Erde sind die regionalen Schwankungen des spezifischen Energieverbrauchs extrem. Der eines Nepalesen liegt bei achtzig Watt pro Stunde, der eines Chinesen derzeit noch bei 800 Watt, der eines Mitteleuropäers bei 6000 Watt, der eines Amerikaners bei 11 000 Watt.

Um dies noch konkreter vorstellbar zu machen, errechnen wir hieraus den Jahresverbrauch, indem wir obige Zahlen mit 8760 multiplizieren (24 Stunden mal 365 Tage = 8760). Für den Nepalesen erhalten wir 700 Kilowatt, für den Chinesen 7000 Kilowatt, für den Mitteleuropäer 52 000 Kilowatt, für den Amerikaner sage und schreibe 96 000 Kilowatt (Quelle: Global Challenges Network: ›Ölwechsel‹, dtv-Premium). Rechnet man den Energieverbrauch von Menschen unterschiedlicher Zivilisationen in die Einheit »Menschenstärke« (gleich 0,25 PS oder 184 Watt pro Stunde) um, werden die Ungerechtigkeiten besonders deutlich. Ein Amerikaner lässt jeden Tag um die 58 Menschenstärken für sich arbeiten. Das ist Sklavenhalterei vom Unfeinsten!

Diese Verbrauchsschere öffnet sich zu extrem, um angesichts einer explodierenden Gesellschaft, die heute bereits über sechs Milliarden Köpfe beträgt, nicht Unheil anzurichten. Ungeahnte politische Spannungen, Energiemigrationen sind die Folgen.

Man bedenke, mit welcher Macht das 1,2-Milliardenvolk der Chinesen an den Energietrog drängt. Das Klima würde trotz aller Bemühungen der Industrienationen, die Schadstofemission zu reduzieren, unweigerlich kippen, wenn die Chinesen den Lebensstandard der Mitteleuropäer oder auch nur den der Südfranzosen erreichen würden, die mit circa 20 000 Kilowatt pro Jahr zwar am oberen Ende der Lebensqualität, jedoch am unteren Ende des Energieverbrauchs der Mitteleuropäer liegen!

Bemühen wir ein zweites Bild, um die globale Energiesituation zu veranschaulichen: Die Menschheit gleicht einer hungrigen Person, die seit einigen tausend Jahren an einem Feuer sitzt, um sich zu wärmen, ihr Essen zu grillen und – dies wird bei der Diskussion der uns beschäftigenden Probleme oft vergessen – sich die Stimmung, die Gemütsverfassung aufhellen zu lassen. Da der Vorrat an Brennholz allmählich zu Ende geht, sollte sich diese Person rechtzeitig überlegen, wie sie alle drei Bedürfnisse auf eine andere, neue Weise befriedigen kann, welche möglichen Formen der Nahrung dem Lebenslagerfeuer noch zur Verfügung stehen.

Am Phänomen Auto lässt sich dieses Bild gut in unsere konkreten Verhältnisse übertragen. Man kann Autos zwar nicht essen, doch wird der Luxus, eine ungeheure Auswahl an überregionaler Nahrung zur Verfügung zu haben, vornehmlich durch LKWs ermöglicht. Man kann sich an Autos zwar nicht wärmen, aber man kann mit ihnen in die Wärme fahren. Mobilität gehört ebenso wie die Nahrungsvielfalt in den Industrienationen zum selbstverständlichen Lebensstandard. Und die dritte Funktion, die Gemütserwärmung, wird bekanntlich ebenfalls für viele Menschen vom Auto erfüllt. Es ist neben seinen praktischen Leistungen auch ein Objekt der Zuneigung, der Begierde, der Kompensation von Frust, von persönlichen Defiziten. Design, Motorleistung, Markenname haben eine starke, wenn auch irrationale Bedeutung für den Gefühlshaushalt zahlloser Autobesitzer.

Dies darf man, wie bereits gesagt, nicht verteufeln. Man muss diesen Aspekt vielmehr respektieren und in eine Diskussion der Energieprobleme mit einbeziehen. Menschen sind einfach keine durch und durch rationalen Lebenssysteme. Die Unvernunft gehört ebenso wie die Leidenschaft, die Hoffnung und die Träume zum Grundmuster des Konsumentenverhaltens. Es hat daher wenig Zweck, bei der Energiediskussion immer nur an den gesunden Menschenverstand zu appellieren, man braucht, in Maßen jedenfalls, auch den ungesunden als

Komplizen, wenn man etwas zum Positiven verändern will. Mit anderen Worten: Es muss diskutiert werden, ob nicht auch ein mit Wasserstoff angetriebenes Auto ein Kultobjekt sein kann.

Die Geschichte der Menschheit ist geprägt vom Bedürfnis nach Wärme und nach Bewegung. Wärme wurde schon immer durch Feuer produziert, Feuer aber ist ein Produkt chemischer Reaktionen. Das Bedürfnis nach Komfort wurde jahrtausendelang durch mechanische Energie gestillt – durch Muskelkraft im Wesentlichen –, auch zuweilen durch potenzielle Energie, wie sie zum Beispiel aufgezogene Uhren darstellen oder Stauseen, die Wasserräder antreiben. Die Dampfmaschine war ein Fortschritt mit ungeheuren Folgen für die Industrialisierung.

Diese begann in der zweiten Hälfte des 18. Jahrhunderts und prägte das ganze 19. Jahrhundert. In Preußen etwa stieg die Anzahl der Dampfmaschinen zum Antrieb der Webstühle, Walzwerke, Schiffe, Eisenbahnen und Generatoren für die Stromerzeugung zwischen 1837 und 1901 von 423 auf rund 100 000! Damit verbunden war eine enorme Belastung der Umwelt durch den Ausstoß von Kohlendioxid und anderen bei der Heizung von Dampfkesseln entstehenden Abgasen. Bei der Dampfmaschine spielt die Ausdehnung von Wasserdampf durch Erhitzung die Hauptrolle, also das Zusammenspiel von innerer chemischer Energie (Feuer) und kinetischer Energie (siehe Seite 26). Die Muskelkraft von Mensch und Tier hat seitdem nur noch eine Statistenrolle.

Den eigentlich qualitativen Sprung aber, eng verknüpft übrigens mit der Bevölkerungsexplosion, bildete die Erfindung des Ottomotors, einer Technologie vom Ende des 19. Jahrhunderts. Wie die Dampfmaschine ist auch der von Nikolaus Otto erfundene Gasmotor eine »atmosphärische Maschine«, das heißt ein thermischer Energiewandler, bei dem sich ein Benzin-Luftgemisch durch Zündung erhitzt, sich dadurch ausdehnt und so einen Kolben antreibt. Im Gegensatz zur Dampfmaschine ist jedoch das Feuer hier nicht außen (unter dem

Kessel), sondern innen im Zylinder des Motors. Das Gemisch selbst erzeugt durch eine chemische Reaktion die Hitze, die dann – unter großen Verlusten, wie wir noch sehen werden – in mechanische Energie umgewandelt wird. Diese neue Technologie bot einige Vorteile, was den Wirkungsgrad, die Kleinheit des Aggregats sowie sein Gewicht anbelangte. Es gab jedoch auch Nachteile, die ursprünglich niemand bemerkte: wiederum die Pollution, der Ausstoß schädlicher Nebenprodukte der Verbrennung, und, wie wir erst langsam begreifen, das wachsende Vertilgen von kostbarem Erdöl, einer endlichen Ressource, die nicht nachwächst und für die es viel bessere Verwendungsmöglichkeiten gäbe als die Ermöglichung einer Ortsveränderung.

Es ist ziemlich absurd, dass wir, wenn es um die Fortbewegung geht, seit 140 Jahren an einer solchen veralteten Technologie festhalten, einem echten Anachronismus. In allen anderen Bereichen, wie der Datenübertragung, der Medizin, der Forschung sind die Fortschritte rasant, nur nicht beim Automotor (trotz aller technischer Verbesserungen). Es ist, als würden wir zur Kommunikation über große Entfernungen noch immer die Semaphore mit ihren Flügelmasten verwenden. Warum ist das so?

Ich glaube, es liegt nicht am bösen Willen, nicht oder nicht nur an den Erdölkonzernen, den Lobbys, den Tankstellenbesitzern, den Autofirmen, die die Autofetischisten mit überdimensionierten Lustobjekten und Statussymbolen bedienen wollen – Autos, die mit 600 PS und 400 Stundenkilometer möglicher Spitze im Stau stehen. Der Grund ist vermutlich das berühmte Trägheitsgesetz, das nicht nur die Mechanik, die Newton'sche Physik wesentlich bestimmt. Es besagt Folgendes: Ein ruhender oder sich bewegender Körper ändert diesen Zustand nur ungern, er sträubt sich gegen Beschleunigungen genauso wie gegen alle Bremsversuche.

Trägheit bedeutet, dass am besten alles so weiterlaufen soll wie bisher – eine Illusion natürlich, denn zum Beispiel die biologische Umwelt kennt das Trägheitsgesetz nicht, ganz im Gegenteil: Sie ist flexibel und auf ständige Optimierung der Überlebenschancen ihrer Individuen ausgerichtet. Vielleicht ist die Neigung zur Trägheit, jenes Beharrungsvermögen, ein phylogenetischer Rest aus einer lange zurückliegenden Phase der Menschheit, als in der Tat das Feuer nicht ausgehen durfte, man also möglichst konservative Bedingungen schaffen musste: Rituale, magisches Denken, Religionen, Revierkenntnis, immer der gleiche Höhleneingang, den man auch im Dunkeln finden kann wie das Garagentor.

Die Brennstoffzelle als Herzstück einer alternativen Technologie von Energiespeicherung und Energiewandel gibt es bereits seit über hundert Jahren. Und der mit dieser Technologie eng verknüpfte Elektroantrieb für Fahrzeuge hat ebenfalls goldene Zeiten hinter sich. Zu Anfang des 20. Jahrhunderts gab es etwa viermal so viel Elektromobile wie Benzinautos! Ihre Vorteile: einfachste Technik, dadurch geringe Störanfälligkeit. Ihre Nachteile: hohes Gewicht der Bleiakkus, dadurch schlechte Straßenlage und geringe Nutzladung, lange Aufladezeiten, geringe Reichweiten. Durch den Ölboom in Amerika und durch das 1908 eingeführte Ford-Modell-T wurde daher das Benzinauto sehr schnell zum Volksauto. Nur im Lastwagenbereich hielten sich die Elektromobile noch eine Weile. Der Siegeszug des Ottomotors war jedoch nicht mehr aufzuhalten, und dies trotz des Handicaps, dass er eine Wärmekraftmaschine ist und daher über einen allen Carnotmaschinen (siehe Seite 40) prinzipiell anhaftenden niedrigen Wirkungsgrad verfügt.

Fragen wir noch einmal: Wie lange wollen und können wir noch am alten, so bequemen und schönen Lagerfeuer fossilen Energieverbrauchs sitzen, bei dem das in Kohlenwasserstoffverbindungen gespeicherte Potenzial chemischer Energie angezapft wird? Seine schädlichen Nebenwirkungen, der Schadstoffausstoß von CO, CO_2, Schwefel und Stickoxiden und so weiter, lassen sich zwar bekanntlich immer besser herausfiltern und so eindämmen, doch Lagerstätten wachsen nicht nach.

Irgendwann in nicht allzu ferner Zukunft werden sie so weit ausgeschöpft sein, dass sie zwar nicht gänzlich leer sind, ihre Ausbeutung jedoch ökonomisch problematisch wird.

Die Prognosen über die Kohle-, Erdöl- und Erdgasreserven schwanken je nach Energiepartei, was nur zu verständlich ist. Sie hängen ja auch von schwer einzurechnenden Faktoren ab wie Menge und Größe der noch nicht entdeckten Lagerstätten, Spareffekten durch immer bessere Autos (Dreiliterauto, irgendwann Einliterauto). Etwas vereinfacht kann man sagen, dass die Prognosen der fossilen Lobby mit fünfzig bis hundert Jahren gesicherte Energieversorgung durch Öl, Gas und Kohle fünfmal so hoch ist wie die der kritischen Experten, die von zehn bis zwanzig Jahren ausgehen. Es geht, wie gesagt, nicht um die Frage, wann fossile Energieträger völlig aufgebraucht sind, sondern wann ihre Förderung zu teuer wird! Dies wird natürlich lange vor ihrem vollständigen Abbau der Fall sein.

Entscheidend für die Bewertung der Energiesituation ist im Übrigen weniger die Menge der noch vorhandenen fossilen Energieträger als vielmehr das Maximum ihrer Förderung. Wenn sich die Förderung nicht mehr so steigern lässt, dass sie den durch die Bevölkerungszunahme und den Anstieg des Lebensstandards in den Schwellenländern wie China und Indien immer schneller ansteigenden Energiehunger nicht mehr stillen kann, dann explodieren die Energiepreise. Schon heute gibt es Anzeichen dafür, dass der Gipfelgrad der Kurve zwischen steigendem Energieverbrauch und steigenden Förderkosten schon sehr nahe, wenn nicht gar erreicht ist.

Im ›Berliner Tagesspiegel‹ vom 10. Januar 2003 findet sich die scheinbar harmlose Notiz, dass die niederländisch-englische Gesellschaft Royal Dutch/Shell die Schätzung ihrer als gesichert geltenden Ölreserven um zwanzig Prozent abgesenkt hat. Vor allem die Vorkommen in Nigeria und Australien seien überschätzt worden: 3,9 Billiarden Barrel Öl weniger als erhofft, die Lebensdauer der Reserven von 13,3 Jahren auf 10,6 Jahre gesunken, das mag noch recht undramatisch klingen!

Dramatisch ist jedoch weniger der Inhalt als vielmehr die Tendenz solcher Aussagen. Zum ersten Mal scheinen nicht nur politische Umstände wie der Irak-Krieg, sondern auch geologische Verhältnisse den Ölpreis steigen zu lassen. Noch weht also die fossile Fahne, aber das Ende der Fahnenstange kommt mehr und mehr in Sicht.

Und außerdem: Ist es angesichts der Zeitdimensionen der Menschheitsgeschichte nicht egal, ob jenes Lagerfeuer noch zehn, zwanzig oder neunzig Jahre brennt?

Grundbegriffe zum Thema

Wir wollen versuchen, die für unser Thema relevanten Begriffe zu erklären und ihre chemischen und physikalischen Hintergründe zu erläutern. Hierbei müssen wir Kompromisse machen zwischen dem pädagogischen Anspruch der Allgemeinverständlichkeit und dem Ethos naturwissenschaftlicher Exaktheit. Auch wenn es auf den folgenden Seiten für den Laien teilweise kompliziert werden mag, macht dieser Klärungsversuch Sinn, denn immer wenn wir reden, sollten wir wissen, wovon wir reden.

Die Begriffe, die wir bei der Energiedebatte benutzen (Energie, Kraft, Arbeit, Wirkungsgrad, Wasserstoff, Brennstoffzelle und so weiter), sollten präzise verwendet werden.

Wenn zum Beispiel Wasserstoff als »Energie der Zukunft« bezeichnet wird, dann wird hier der Begriff Energie falsch eingesetzt, und es entsteht ein reißerischer Eindruck, der die ansonsten inhaltlich vielleicht richtigen Aussagen in ein falsches Licht rücken kann. Auch der Ausdruck »erneuerbare (regenerative) Energien«, der sich als Gegenbegriff zu dem der »fossilen Energien« eingebürgert hat und mit dem man wohl weiterleben muss, ist strenggenommen irreführend, denn alle Prozesse in der Natur sind endlich. Wenn der Kernfusionsreaktor Sonne in einigen Milliarden Jahren ausgebrannt ist, wird es auch keine Biomasse und keinen Wind mehr geben.

Es wäre also exakter, man würde von lebendigen Energien bzw. Energieträgern als Gegensatz zu toten (fossilen) Energieträgern wie Kohle, Gas und Erdöl reden. Wind, Gezeiten, Sonneneinstrahlung, Pflanzenwuchs, all dies sind lebendige Phänomene unserer Gegenwart, während die vor 150 Millionen Jahren im Erdzeitalter des Jura aus in tektonischen Mulden, so genannten Erdölfallen, angesammelten und von Sediment-schichten versiegelten Algenmassen entstandenen Ölvorkom-men sich nicht erneuern lassen, jedenfalls nicht innerhalb des die Menschheitsgeschichte umfassenden Zeitraums. Wenn die Begriffe unscharf sind, müssen es auch die Aussagen sein, die Schlussfolgerungen, die Prognosen, die Urteile, die Bedenken, die Hoffnungen. Wir sollten sie jedoch auch in ihrem jeweils hypothetischen Charakter mit Glaubwürdigkeit auf die Bühne der Argumentation schicken.

Woraus besteht Materie?

Aus Atomen natürlich, das weiß nahezu jeder. Doch was sind Atome? Diese Frage muss geklärt werden, um später verstehen zu können, was Elektrolyse ist, was elektrischer Strom, was in einer Brennstoffzelle abläuft. Wir begnügen uns hier mit dem für unsere Zwecke ausreichend aussagekräftigen Schalenmo-dell, das Niels Bohr Anfang des 20. Jahrhunderts entwickelte. Ein Atom besteht nach ihm aus einem winzigen Kern aus posi-tiv geladenen Elementarteilchen, den Protonen, und den eine Art Kitt darstellenden, ungeladenen Neutronen mit einem durchschnittlichen Durchmesser von 10^{-15} Metern. Eine un-vorstellbar kleine Zahl. Man muss eine Billion Atomkerne an-einanderlegen, um eine stecknadelkopfgroße Kugel von einem Millimeter Durchmesser zu erhalten.

Um den Kern herum kreisen im Abstand von 10^{-10} Metern negativ geladene Elektronen, also in einem auf die Größe des Kerns bezogenen enormen Abstand, hunderttausendmal größer als der Kern. In unserem Vergleich entspricht dies einem Abstand von hundert Metern von dem Stecknadelkopf. Das Atom ist also praktisch leer, leerer als ein Vakuum, wie man es in Laboratorien erzeugen kann. Mit anderen Worten: Die Welt, die wir als real empfinden, besteht aus Legosteinen, die so dünn und fadenscheinig sind wie eine Fata Morgana. Insofern leben wir in einer Art Simulation, jedenfalls was die materielle Substanz angeht.

Der Kern eines Atoms stellt trotz seiner Kleinheit 99,98 Prozent der Masse des Atoms. In einem anschaulichen Vergleich: tausend Kubikmeter Eisen, das ist ein Würfel von zehn Metern Kantenlänge, wiegt 8000 Tonnen, die von den zusammen weniger als einen Kubikmillimeter füllenden Kernen gestellt werden. Der übrige Raum von tausend Kubikmetern ist so gut wie masseleer und nur von Kraftfeldern erfüllt. Dieser hauchdünnen, wogenden Schleierwelt der Atomhüllen mit ihren elektromagnetischen Kräften, den Coulombkräften der Anziehung und Abstoßung zwischen elektrisch geladenen Teilchen, verdanken wir die uns sichtbar erscheinende Welt. Wir nehmen sie hin als Bühne unserer realen Existenz, ein in Wahrheit hauchdünner Bretterboden mit Schauspielern, durchsichtig wie Geister, ein Theater der Illusionen und Chimären, und dennoch so wirklich und fest, dass wir ihm unser Dasein anvertrauen. Die Anzahl der Protonen (Ordnungszahl) kann von 1 bis 111 variieren. Sie steht für den Namen des Elements und sie bestimmt allein seine chemischen Eigenschaften, denn sie entspricht der Anzahl der negativ geladenen Elektronen, die auf Kugelschalen ähnlich wie Planeten die Sonne den Kern umkreisen. Und ausschließlich diese Elektronen sind es, die die chemischen Eigenschaften eines Elementes oder Moleküls festlegen. Die Neutronen hingegen haben auf sie so gut wie keinen Einfluss.

Warum schildern wir diese für den Laien und auch den Fachmann immer wieder verblüffenden Verhältnisse in einem Buch über Wasserstofftechnologie? Deshalb, weil Energie, chemische und elektrische, Bindungsenergie, Dissoziationsenergie und welche Spielarten es sonst noch gibt, mit den jeweils herrschenden Verhältnissen in den Atomhüllen und ihren Kombinationen unmittelbar zusammenhängen. Wenn wir Energie gewinnen wollen, dann zapfen wir die Potenziale der Atomhüllen an oder aber, wenn es um Kernkraft oder Sonnenlicht geht, die der Atomkerne.

Sehen wir uns die Verhältnisse genauer an: Es herrscht normalerweise ein elektrisches Gleichgewicht zwischen Protonen und Elektronen. Ihre Ladungen ergeben zusammengenommen Null, das heißt, sie heben sich gegenseitig auf. Da sich Plus und Minus anziehen (Coulomb'sche Anziehung), bzw. Plus und Plus oder Minus und Minus gegenseitig abstoßen (Coulomb'sche Abstoßung), kann ein Atom nur unter zwei Voraussetzungen stabil sein. Im Kern muss die Coulomb'sche Abstoßung zwischen den Protonen durch eine starke Gegenkraft der Anziehung kompensiert bzw. übertroffen werden, denn andernfalls würde der Kern auseinander platzen. Diese Gegenkraft nennt man die so genannte starke Wechselwirkung.

Weiterhin muss die Anziehungskraft zwischen Elektronen und dem positiven Kern durch eine Gegenkraft kompensiert werden, andernfalls würden die Elektronen in den Kern stürzen. Hierfür ist im Bohr'schen Schalenmodell die Zentrifugalkraft der um den Kern kreisenden Elektronen verantwortlich. Es ist wie bei Erde und Mond. Die Gravitationskräfte würden den Mond auf die Erde stürzen lassen, würde er nicht durch seine Kreisbewegung wie ein an einer Schnur herumgeschleuderter Stein im gleichen Maße von der Erde wegstreben, wie er angezogen wird.

Nun kommen wir zu einer erstaunlichen, fast an mystische Weltsicht gemahnenden Tatsache: die Neigung der Natur zur Oktettbildung. Um dieses Phänomen besser zu verstehen, sei zunächst ein kleiner Ausflug in die Zahlensymbolik gestattet. Die Zahl Acht stand schon bei den Alten in einem besonderen Ruf. Sie hatten die geheimnisvolle Tatsache entdeckt, dass sich alle ungeraden Quadratzahlen durch ein Vielfaches von der Acht unterscheiden. Anders ausgedrückt: Immer, wenn man ungerade Quadratzahlen voneinander subtrahiert, erhält man ein durch Acht teilbares Ergebnis. Noch mehr mag die Alten fasziniert haben, was Pythagoras herausgefunden hatte: Immer dann, wenn man eine um den Faktor Eins verminderte ungerade Quadratzahl durch Acht dividiert, erhält man eine so genannte »Trigonalzahl« – das sind jene Zahlen, die auf den Eckpunkten eines Dreiecks liegen, also 3, 6, 9, 12 und alle weiteren natürlichen Zahlen, die durch 3 teilbar sind.

Solche Spielereien hatten für das magische Denken große Attraktivität. Nicht von ungefähr kannte man acht Himmelsrichtungen und acht verschiedene Winde. Auch bei der Zahl der Himmelssphären begegnet man der Acht. Denn der Kosmos der Astrologen kennt über dem Reich der vier Elemente acht kristallene Schalen, auf denen sich Mond, Merkur, Venus, Sonne, Mars, Jupiter, Saturn und ganz außen die Fixsterne mit den Tierkreiszeichen befinden. Dies führt uns hin zu besagter Merkwürdigkeit der Natur, der wir sozusagen die besondere, typische Ausprägung der Wirklichkeit im gesamten Kosmos verdanken: die so genannte Edelgaskonfiguration, die alle Elemente anstreben und wegen der sie Verbindungen miteinander eingehen, als sei dies ein inneres Konstruktionsgesetz der Welt.

Edelgase haben acht Elektronen in der Außenhülle (Valenzelektronen), die, wie gesagt, allein über die besonderen chemischen Eigenschaften eines Elementes oder Moleküls entscheiden. Diese Oktettbildung macht Edelgase besonders stabil, in sich ruhend, »zufrieden« sozusagen, und diese Elemente gehen deshalb kaum Verbindungen ein. Sie sind autark, chemisch indifferent, während Elemente mit nur einem oder zwei Elektronen in der Außenhülle (Alkali- bzw. Erdalkalimetalle), denen demnach besonders viele Elektronen zur Oktettbildung fehlen, extrem aggressiv und bindungsfreudig sind. Eine Ausnahme macht übrigens das Edelgas Helium, das nur zwei Elektronen in der Schale hat (entsprechend seinen zwei Protonen im Kern). Auch in diesem Fall tritt Sättigung ein. Die Außenschale des Heliums verhält sich wie eine Achterschale.

Wir können an dieser Stelle nicht näher auf die Gründe für die besondere Stabilität einer Achterschale eingehen. Für unser Thema reicht es zu erwähnen, dass alle Elemente, die weniger als acht Elektronen in der Außenhülle haben, diesen Mangel auszugleichen suchen, indem sie sich mit anderen passenden

Elementen zusammentun. Elektronenmangel und Elektronenüberschuss ergänzen sich in Wohngemeinschaften (Molekülen), die gemeinsam von einer Wolke von acht Valenzelektronen umgeben sind, so dass wieder die Edelgaskonfiguration als stabile Lebensqualität gegeben ist.

Bekanntestes Beispiel ist Wasser. Jeder kennt seine chemische Formel H_2O. Sie erklärt sich dadurch, dass jeweils zwei Wasserstoffatome, mit je nur einem Valenzelektron in der Hülle ausgestattet, also dem Makel eines einfachen Elektronenüberschusses, sich mit einem Sauerstoffatom, dem mit seinen sechs Valenzelektronen in der Außenschale gerade zwei Elektronen fehlen, zu einem Molekül zusammentun, das nun eine gemeinsame Edelgaskonfiguration besitzt. Die Wasserstoffatome geben jedes für sich ihr Elektron ab, sind also für sich genommen positiv geladen, ein so genanntes H^+-Ion. Das Sauerstoffatom hingegen nimmt zwei Elektronen auf, ist also ein Ion mit der Ladung »minus zwei«. Beide tun sich dadurch zusammen in einer glücklichen Ehe.

Eine solche Bindung über gegenseitigen Valenzelektronenaustausch nennt man Ionenbindung. Sie ist besonders stabil, das heißt, man muss viel Energie aufwenden, um sie zu zerstören (siehe Elektrolyse). Ähnliches gilt auch für Kochsalz – chemisch gesprochen der Zusammenschluss eines Natriumatoms, das ein Elektron zu viel hat, und eines Chloratoms, dem ein Elektron zum Oktett fehlt. Auch diese glückliche und nebenbei wohlschmeckende Ehe wird durch ein positives Ion (Natrium) und ein negatives Ion (Chlor) gestiftet und zusammengehalten. Ionen haben übrigens völlig andere chemische Eigenschaften als komplette Elemente, da sich ja ihre Hüllensituation geändert hat. Ein Junggeselle gibt sich eben anders als ein Ehemann.

Was ist Energie?

Energie ist *der* zentrale Begriff der Debatte um eine Wasser-stoffwirtschaft. Leider handelt es sich um ein unscharfes, fast qualliges Wort. Wie sehr dieser Begriff dazu neigt, seine inhalt-lichen Konturen zu verlieren, lässt sich an einem kleinen Bei-spiel zeigen: Man sagt »ein Mensch hat Energie« und verwen-det synonym den Ausdruck »ein Mensch hat Power«. Power heißt Kraft, Kraft und Energie haben hier umgangssprachlich demnach die völlig gleiche Bedeutung, physikalisch meinen sie jedoch, wie wir noch sehen werden, unterschiedliche Phä-nomene.

Wir können am Uhrenbeispiel zeigen, dass es zwei funda-mental unterschiedliche Energiearten gibt: potenzielle und kinetische Energie. Gehen wir zunächst auf potenzielle Energie ein. Dies ist die Energie der Lage. Ihr Speichermedium sind zum Beispiel aufgezogene Uhrengewichte, Stauseen, Schnee-hänge, bevor sie als Lawinen abgehen. Arbeit wird im Falle potenzieller Energie geleistet durch Herabsinken eines Gegen-standes in einem Schwerkraftgefälle. Auch Wasserkraft ist dem-nach zu Energie der Lage zu zählen, denn Wasser, das von einem Stausee oder Flusslauf in die Turbinen fließt und dort zunächst in mechanische (kinetische) und dann elektrische Energie umgewandelt wird, tut dies nur, weil es Materie ist, die der Schwerkraft unterliegt.

Einen Sonderfall der potenziellen Energie stellt die Energie der Spannung dar. Sie kommt bei einem Federwerk zur Anwendung. Hier ist es nicht die Schwerkraft, sondern die Spannung in einem elastischen Material, die man durch Auf-ziehen erreicht. Die Arbeit wird bei der Entspannung der Feder geleistet. In beiden Fällen ist die potenzielle Energie eine Ener-gie auf Abruf. Sie ist eingesperrt in ein spezielles Gefängnis und kann jederzeit freigesetzt werden. Potenzielle Energie lässt sich also in zwei Arten unterteilen:

1. Potenzielle Energie im engeren Sinne, das heißt Energie der Lage. Diese Energie speichert sozusagen Schwerkraft. Sie kommt überall dort zum Zuge, wo es um Gewichte geht und ihre Positionierung im Gravitationsfeld der Erde.
2. Potenzielle Energie im weiteren Sinne. Auch hier handelt es sich strenggenommen um einen Energiespeicher oder Energieträger. Die aufgezogene Feder einer Uhr gehört hierzu ebenso wie die in einer Batterie gespeicherte elektrische Energie.

Potenziell heißt »möglich«, »latent«. Schon dies besagt, dass wir es bei unserem Thema insgesamt hauptsächlich mit potenzieller Energie zu tun haben. Ist potenzielle Energie also in Wahrheit keine Energie, sondern vielmehr ein Energieträger, ein Energiespeicher oder eine Energiequelle? Die Begriffe scheinen unscharf, sie gehen durcheinander.

Kommen wir zur Energie der Bewegung, zur kinetischen Energie. Durch Überwindung der Trägheit eines Körpers wird in ihm kinetische Energie gespeichert, wie zum Beispiel in einer Gewehrkugel. Auch ein Schwungrad ist ein kinetisches Speichermedium, denn es hortet Energie als Rotationsenergie. Ist hier also kinetische Energie, Energie der Bewegung eine besondere Form der potenziellen Energie? Ein schwingendes Uhrenpendel verbindet offenbar potenzielle und kinetische Energie miteinander. Erreicht das Pendel den höchsten Punkt, ist die kinetische Energie gleich Null, die potenzielle Energie am höchsten. Dann schwingt es zurück, verliert potenzielle Energie, gewinnt dafür kinetische. Beim Durchlaufen des tiefsten Punktes ist sie am größten, die potenzielle hingegen gleich Null. Beim Weiterschwingen zur anderen Seite kehren sich die Verhältnisse um. Bei den Schwingungen der Unruhe einer Armbanduhr geht es ähnlich zu, nur dass sich diesmal Spannungsenergie und kinetische Energie abwechseln.

Außer potenzieller und kinetischer Energie gibt es noch andere Formen. Chemische Energie (innere Energie). Elektrische

27

Energie. Atomenergie, die entweder als Spaltungs- oder Fusionsenergie auftritt. Vollends verwirrend wird die Terminologie, wenn wir Einsteins These einbeziehen, dass Materie und Energie nur zwei Seiten einer Medaille sind, die sich in der berühmten Formel $E = mc^2$ aufeinander beziehen. Masse (Materie) wäre dann ein besonders effektiver Energiespeicher, denn der gigantische Faktor c^2 sorgt dafür, dass ein winziger Verlust an Masse einer ungeheuer großen Freisetzung von Energie entspricht.

Versuchen wir der terminologischen Unschärfe der Begriffe Energie, Energieträger, Energiequelle, fossile Energie, primäre, sekundäre Energie, potenzielle, kinetische Energie durch einige Überlegungen zu begegnen. Machen wir uns zunächst Folgendes klar: Fast alle physikalischen Begriffe entstammen dem Zeitalter der Mechanik, dem 19. Jahrhundert also. Sie sind geprägt von der Tatsache, dass nur makroskopische Phänomene unmittelbar erlebbar sind. Das, was wehtut, wenn es einem auf den Fuß fällt sozusagen. Energie scheint jedoch etwas Immaterielles zu sein. Die berüchtigte Unanschaulichkeit der Modelle und Begriffe der modernen Physik hat ihre Ursache in einer Metaphorik, die vom konkreten Alltagsgeschehen abgeleitet und auf eine Welt übertragen wird, die durchaus anders organisiert ist und in der Alltagsphänomene zum Teil nur statistische Geltung haben.

Der Ursprung des Wortes »Energie« liegt im Griechischen *energeia* und bedeutet Wirksamkeit. Überall, wo sich etwas gegen einen Widerstand bewegt, wo etwas abbremst, wo etwas warm wird, wo etwas leuchtet oder strahlt, ist etwas *wirksam*, tritt eine Veränderung ein, wird etwas deformiert, bearbeitet und immer ist Energie dabei im Spiel. Energie ist *die Fähigkeit, Arbeit zu leisten*, könnte man vereinfachend sagen.

Unter Arbeit verstehen wir die Leistung, die eine Kraft bewirkt, und zwar über eine bestimmte Weglänge oder Zeit. Kraft, Arbeit und Energie stehen also in einem wohldefinierten Zusammenhang. Sie sind miteinander begrifflich eng verknüpft und dennoch in ihrer physikalischen Bedeutung nicht austauschbar, sondern bilden eine Art Dreiecksbeziehung. Das war nicht immer so. Lange wurde Kraft und Energie, wie bereits erwähnt, synonym verwendet – man vergleiche auch die Begriffe Atomkraft, Atomenergie, Kraftwagen.

Genau betrachtet hängen auch Arbeit und Wärme eng zusammen. Arbeit ist kohärente Bewegung von Atomen: Sie schieben den Kolben einer Maschine voran, weil sie sich in die gleiche Richtung bewegen. Wärme ist die chaotische, inkohärente Bewegung von durcheinander wirbelnden Atomen. Eine Wärmekraftmaschine ist ein Apparat, der durch seine Struktur, die Anordnung seiner Teile, eine bestimmte Menge von chaotisch bewegten Atomen zu einer geordneten Bewegung zwingt. Ein solches System arbeitet nur bei permanenter Energiezufuhr, man nennt es dissipativ. Auch wir selbst sind, wie bereits ausgeführt, eine Wärmekraftmaschine, die zum Stillstand durch den Tod verurteilt ist, wenn keine Energie mehr zugeführt wird. Insofern hat es auch keinen Zweck, aus sinnvollen ökologischen und ökonomischen Gründen den Verzicht auf Energieverzehr zu weit zu treiben. Selbst ein buddhistischer Mönch ist ein dissipatives System, auch wenn er keine Harley fährt. Aber sein System wird unter anderem durch eine holzgenährte Flamme erwärmt.

Die Hausordnung in diesem komplexen Gebäude mit den Stockwerken Energie, Kraft, Arbeit wird von den legendären Thermodynamischen Hauptsätzen gebildet, auf die wir später noch näher eingehen werden. Der Laie glaubt gewöhnlich, man könne Energie erzeugen, doch das ist so nicht richtig. Die Menge an Energie in der Welt ist konstant. Man kann sie weder erzeugen noch vernichten. Man kann sie nur von einer Form in eine andere umwandeln. Genau diese Tatsache formuliert der Erste Thermodynamische Hauptsatz.

Die erwähnte Unschärfe der Begriffe Energie, Energiequelle, Energieträger, die teilweise synonym gebraucht werden, wird noch verstärkt, wenn man den im angelsächsischsprachigen Raum gebräuchlichen Begriff der »energy currency«, der Energiewährung, einbezieht. Eine bestimmte Energiewährung ist die spezielle Form, in der Energie gespeichert werden kann. Um die wichtigsten Energiewährungen zu nennen: mechanische Energie, thermische Energie, Lichtenergie, elektrische Energie, chemische Energie, Kernenergie (Atomenergie).

Zwischen diesen Energiewährungen herrscht dem ersten Hauptsatz nach vollkommene Parität. Man kann unter Idealbedingungen verlustfrei die eine in die andere wandeln. Zum Beispiel Lichtenergie der Sonne, eine so genannte Primärenergie, in elektrische Energie als Sekundärenergie. Als Wechselstube fungiert die Photozelle. Nun sind die Bedingungen leider nicht ideal. In allen Energiewechselstuben sitzt ein Makler, der einiges für sich einstreicht. Teilweise ist es sogar ein Wucherer. Mit anderen Worten: Der Wirkungsgrad des Wechselns beträgt nie hundert Prozent. Bei manchen Wechselaktionen lässt sich der Verlust durch verbesserte Technologien praktisch beliebig minimieren. Immer dann jedoch, wenn Wärme im Spiel ist, setzt die Natur eine fundamentale Grenze, die der Zweite Thermodynamische Hauptsatz formuliert: Ein Teil der Wärme geht für immer verloren.

Wärmekraftmaschinen sind dissipativ, sie vernichten einen Teil der Energie, weil sie nicht anders können. Dies ist eine Asymmetrie der Natur, die sich sonst so gerne symmetrisch gibt, wie zum Beispiel die Umtauschbarkeit von Energie und Materie zeigt ($E = mc^2$!). Vielleicht verdanken wir dieser fundamentalen Asymmetrie ja sogar die Zeit, die mit ihrer Vorher-Nachher-Struktur, ihrer pfeilartigen Richtung von Vergangenheit in die Zukunft ebenfalls unumkehrbar, das heißt asymmetrisch, ist.

Wenden wir uns noch einmal dem engen Verhältnis der drei Begriffe Energie, Arbeit und Kraft zu und verdeutlichen wir dieses an einem Beispiel aus der Mechanik. Wenn ich einen ruhenden oder sich gleichmäßig bewegenden Körper habe, dann wird er diesen Zustand beibehalten, solange keine Kraft auf ihn einwirkt. Dies wurde von Newton als Trägheitsgesetz formuliert. Wenn ich eine Kraft, sei es die Schwerkraft oder ein Stoß mit einem Billardqueue, auf einen Körper einwirken lasse, dann ändert sich seine Lage, seine Geschwindigkeit. Er wird beschleunigt (ein anderes Wort für Geschwindigkeitsänderung). Die Beschleunigung ist abhängig von der Masse des Gegenstandes und von der Einwirkungszeit der Kraft. Das Maß hierfür ist »Dyn«. Ein Dyn ist die Kraft, die einem Gramm Masse eine Beschleunigung von einem Zentimeter pro Sekundenquadrat verleiht.

Arbeit nennt man das Produkt aus Kraft und Weg. Das heißt, die Arbeit, die ich benötige, um einen Wagen zu bewegen, ist zum einen abhängig von der Kraft, die man braucht, um ihn gegen Widerstände, Steigungen, Reibung zu bewegen, und zum anderen von der Wegstrecke, die man zurücklegen möchte. Die Einheit der Arbeit nennt man »Erg«. Ein Erg ist die Kraft von einem Dyn, die über eine Wegstrecke von einem Zentimeter wirkt. Eine solche Definition bleibt allerdings an der Oberfläche, sie ist allein metrisch. Was Arbeit »wirklich« ist, macht sie nicht deutlich, bzw. sie delegiert das Problem an den nebulösen Begriff der Kraft. Es gibt im Übrigen auch nichtmechanische Definitionen von Kraft und Arbeit, wie zum Beispiel die elektrische Arbeit, die nötig ist, eine Ladung in einem Feld zu bewegen.

Ein wenig besser verstehen wir die genannten Phänomene vielleicht, wenn wir strukturell-statistische Überlegungen einbeziehen. Arbeit wird zum Beispiel von den Gasmolekülen in einem Motorkolben verrichtet, wenn diese sich alle wie marschierende Soldaten in eine Richtung bewegen. Bei Wärme ist dies, wie bereits gesagt, nicht der Fall. Hier rennen die einzelnen Gasmoleküle blindlings durcheinander.

Man kann also sagen: Arbeit ist ein Energietransport bzw. ein Wechsel von einer Energiewährung in eine andere, der von gleich gerichteten Teilchen als Energieträger in einem kohärenten Prozess geleistet wird. Diese Teilchen treten als Kollektiv auf und übertragen eine Kraft auf ein System. Wärme ist hingegen ein inkohärenter Zustand, er ist ungeordnet, chaotisch. Auch hier handelt es sich um einen Energietransport, doch gibt es den erwähnten fundamentalen Unterschied zwischen Ordnung und Unordnung. Unordnung ist der Ordnung überlegen. Sie ist stabiler, wie jeder aus der Praxis weiß, der seinen Schreibtisch oder seine Wohnung nicht regelmäßig aufräumt. Wieder sind wir beim Zweiten Thermodynamischen Hauptsatz gelandet.

Ergänzen müssen wir noch einen vierten Begriff, den der Leistung. In ihrer mechanischen Definition ist Leistung die Arbeit, die über eine bestimmte Zeit »geleistet« wird – der Faktor Zeit kommt also hinein. Die Einheit ist das Watt. Bei Automotoren spricht man von PS (= 75 Kilopond mal Meter pro Sekunde gleich 0,735 498 Kilowatt), von Pferdestärken, übrigens ein indirekter Hinweis darauf, wie veraltet Automotoren technisch gesehen sind.

Werfen wir noch einen Blick auf den für unsere Energieversorgung besonders interessanten Begriff der chemischen Energie. Bei allen chemischen Reaktionen wird entweder Energie frei, oder man muss Energie hineinstecken, damit sie überhaupt ablaufen. Dies hängt mit der inneren Energie der an einer Reaktion beteiligten chemischen Stoffe zusammen. Für den mit inneratomaren Verhältnissen nicht vertrauten Laien ist dies ein mysteriöser Begriff. Er wird definiert als die Energie, die beim Einfangen eines aus unendlicher Entfernung kommenden Elektrons durch ein Atom frei wird. Das Elektron wird auf einer Elektronenschale geparkt (potenzielle Energie) und dabei Energie in Form von Strahlung freigesetzt (kinetische Energie).

Bei einer chemischen Reaktion findet ein Energieumsatz zwischen den beteiligten Stoffen statt. Dabei gilt: Die Energiebilanz muss stimmen! Es geht hier genau wie im freien Wirtschaftsleben zu, in gewisser Weise sogar noch deutlich ehrlicher. Ist die Summe der inneren Energie der Ausgangsstoffe größer als die Summe der inneren Energie der Reaktionsprodukte, so wird bei der Reaktion Energie frei, zumeist in Form von Wärme. Man spricht dann von einer exothermen Reaktion. Klassisches Beispiel ist die Knallgasreaktion von Wasserstoff mit Sauerstoff zu Wasser. Aber auch Schießpulver, Dynamit, Kaminfeuer sind von den Menschen gern genutzte exotherme Reaktionen.

Bei den endothermen Reaktionen ist es umgekehrt: Die Ausgangsprodukte haben zusammen mehr innere Energie als die Ausgangsstoffe, also muss man Energie hineinstecken, häufig in Form von Wärme oder Elektrizität, damit die Reaktion überhaupt abläuft. So ist die Spaltung von Wasser in Wasserstoff und Sauerstoff durch elektrischen Strom eine extrem endotherme Angelegenheit. Denn Wasserstoff und Sauerstoff führen, wie wir noch sehen werden, eine so gute, so feste und glückliche Ehe, dass man sehr viel Energie braucht, um sie zu zerrütten, um die Scheidung herbeizuführen. Genau dies Ehedrama findet bei der Elektrolyse statt.

Der Fachmann nennt die bei einer exothermen Reaktion frei werdende Energie übrigens Bildungsenthalpie. »En« ist griechisch und heißt »darin«, »thalpos« heißt in dieser Sprache »Wärme«. Die für eine endotherme Reaktion nötige Energie wird entsprechend Spaltungsenthalpie genannt.

Fassen wir zusammen: Energie ist ein abstrakter, metrisch definierter Begriff, der in einem direkten Verhältnis zu den Begriffen Kraft und Arbeit steht. Allgemein gilt: Überall, wo es in der Natur Veränderungen gibt, wo etwas wirkt oder bewirkt wird, ist Energie im Spiel. Kraft ist die Ursache für eine Energieumwandlung, für einen Umtausch der Energiewährung. Schwerkraft zum Beispiel wandelt potenzielle in kinetische Energie um. Arbeit ist die von einer Kraft bei der Überwindung eines Widerstandes erbrachte Leistung (Kraft mal Weg).

Am besten veranschaulichen wir uns diese Verhältnisse wieder am Beispiel einer Standuhr. Wenn wir sie aufziehen, leisten wir Arbeit. Sie ist abhängig vom Gewicht des Uhrengewichtes und von der Länge, die wir mittels eines kleinen, ins Uhrwerk integrierten Aufzuges und eines Uhrenschlüssels emporziehen. Wenn das Gewicht oben ist, haben wir die kinetische Energie, die wir hineingesteckt haben, in potenzielle Energie verwandelt, in Energie der Lage. Wir können sagen, das Uhrengewicht ist jetzt ein Energiespeicher oder Energieträger, es stellt einen speziellen Fall der Energiewährung, »mechanische Energie«, dar.

Stoßen wir jetzt das Pendel an, tickt die Uhr, sie »geht«. Dabei sinkt das Uhrengewicht langsam wieder ab und treibt das Uhrwerk an. Es gibt also die in ihm gespeicherte potenzielle Energie als kinetische an die Zahnräder wieder ab, die das Pendel antreiben, es hin und her schwingen lassen. Eigentliche Kraftquelle ist die Schwerkraft, die am Uhrengewicht »zieht«. Das ganze System ist ein Energiewandler, in diesem Fall kein thermischer, sondern ein mechanischer. Potenzielle Energie wird in kinetische umgewandelt, so lange, bis das Pendel unten ist und seine relativ zum Uhrenboden existierende potenzielle Energie verloren hat. Nun muss der Uhrenbesitzer wieder die kinetische Energie seiner Muskeln einsetzen und die Uhr aufziehen. Es handelt sich hier also um »erneuerbare Energie«, solange der Uhrenbesitzer sich richtig ernährt und noch nicht so alt ist, dass er die Uhr nicht mehr aufziehen kann.

Strenggenommen stellt auch jede so genannte erneuerbare Energie eine zeitlich begrenzte Ressource dar, nur von wesentlich längerer Dauer als fossile Energieträger. Der Kernfusionsreaktor Sonne brennt eben ziemlich langsam aus. Es wäre exakter, statt von erneuerbaren von (fast) unversiegbaren Energieträgern zu sprechen. Aber wer will schon Exaktheit gegen Griffigkeit tauschen. Im Übrigen gilt auch hier der geheimnisvolle Satz der Erhaltung der Energie.

Die hineingesteckte kinetische Energie ist genauso groß wie die erzielte potenzielle Energie und die wiederum genauso groß wie die im Uhrwerk umgesetzte kinetische Energie, sieht man von der Reibung ab, die sich in den Lagern der Räder, den Zähnen der Zahnräder, sogar im Luftwiderstand des schwingenden Pendels abspielt, der Ungenauigkeit der Muskelarbeit beim Aufziehen und so weiter ab. Hier entsteht ein notweniger Verlust (Zweiter Thermodynamischer Hauptsatz!), der, wie wir noch genauer diskutieren werden, den Wirkungsgrad der Maschine senkt. Durch Reibung bedingte Verluste verschwinden als chaotische Erwärmung der Umgebungsmoleküle des Uhrwerks endgültig. Sie sind nicht rückholbar. Insgesamt trägt eine laufende Uhr also wie jeder Energiewandler zum Wärmetod der Welt bei, wenn auch recht geringfügig.

Bisher haben wir versucht, den Begriff Energie mit dem Vokabular und den Modellen der Mechanik zu beschreiben. Was Energie »wirklich« ist, hat erst Einstein, einer der letzten Forscher mit kindlichem Denkvermögen, herausbekommen. Energie ist eine »quirlige Form« von Materie. Formuliert ist diese Erkenntnis in der berühmten Formel $E = mc^2$. Anders gesagt, Energie und Materie sind zwei Verkleidungen der nämlichen Grundsubstanz der Wirklichkeit, wobei dieses Wort nicht überstrapaziert werden darf, denn der Wirklichkeitsbegriff der Physik hat sehr viel surreale Züge.

Die eine Verkleidung ist passiv und folgt dem Trägheitsgesetz, die andere ist dynamisch und folgt dem Gesetz von der Erhaltung der Energie. Fest steht Folgendes: Energie lässt sich nie aus dem Nichts erzeugen, deshalb gibt es auch kein Perpetuum mobile (Erster Hauptsatz). Immer wenn Energie auftritt, egal wo im Weltall, wird sie nach dem immer gleichen Kursverhältnis aus der Währung Materie gewechselt. Das bedeutet: Ein wenig Materie verschwindet und tritt nun im Kostüm von sehr viel Energie auf. Auch das Umgekehrte gilt: Überall, wo Energie verschwindet, entsteht ein ganz klein bisschen Materie. Deshalb sind die berühmten Sätze von der Erhaltung der Materie und der Erhaltung der Energie für sich genommen falsch. Es gibt nur den Satz von der Erhaltung des Produktes von Energie und Materie.

Für Materie gilt, dass Elemente gespalten werden können, von einer Sorte in die andere verwandelt, so wie es die Goldmacher sich erträumten. Ebenso können Elemente durch Fusion verwandelt werden. Beides ist nur unter Einsatz von extrem hoher Energie möglich. Dies liegt daran, dass sich diese Verwandlung im Atomkernbereich abspielt, wo der Coulomb'sche Wall überwunden werden muss – eine Art Tresorwand, die jeden Atomkern umgibt. Hinter dieser Wand sind die Energieverhältnisse weitaus extremer als in den Atomhüllen, die für den chemischen Währungstausch zuständig sind.

Auch Atomkerne sind also Energieträger. Man muss sie sich vorstellen wie winzig kleine Festungen, in die man nur sehr schwer eindringen kann. Für die Freisetzung von atomarer Energie, bzw. ihre Umwandlung in für Menschen brauchbare Wärmeenergie, muss dieser Tresor geknackt werden. Dies erfordert ungeheuer viel Energie. Man kann sich die Situation auch so veranschaulichen: Ein Atomkern ist vergleichbar mit einer winzigen Mulde, umgeben von einem sich hochwölbenden Rand, dem Coulomb'schen Wall. Wenn ich, um eine Kernspaltung zu erreichen, die inneren Verhältnisse destabilisieren will, indem ich ein Elementarteilchen hineinschieße, bin ich in der Situation eines Murmelspielers, der seine Murmel (ein Proton, Elektron oder Ähnliches) mit solcher Kraft und Zielgenauigkeit werfen muss, dass sie den Wall überwindet und nicht von ihm abprallt.

Wiederholen wir es noch einmal (Redundanz ist in diesem Fall als pädagogisches Mittel legitim): Energie tritt immer als eine spezielle Währung auf, die sich in eine andere umtauschen lässt. Es gibt harte und weiche Währungen. Sonnenenergie ist zum Beispiel eine harte Währung, die in Form von Photonen auf die Erde gelangt. Hart, weil Photonen auch auf einem solch extrem langen Weg nichts von ihrem Energiegehalt verlieren. Wärme ist eine weiche Währung, die schnell an Wert verliert, weil sie sich schnell in der Umwelt verflüchtigt. Es entsteht zudem beim Wechseln der Energiewährungen ständig eine Unmenge Kleingeld, die keine Bank mehr zurückzunehmen bereit ist.

Hier kommt der faszinierende Begriff der Entropie ins Spiel, den wir später noch erläutern werden. Zunächst genügt der Hinweis, dass immer, wenn die Währung Wärme im Spiel ist, der Umgang mit Energie mit hohen Verlusten verbunden ist, und dass dieser Sachverhalt unter anderem wichtige Argumente für den Einsatz von Brennstoffzellen liefert. Halten wir Folgendes fest: Der Begriff der Energiewährung erweist sich als anschaulich und daher brauchbar für unser Thema. Er bezeichnet eine jeweils typische Erscheinungsform von Energie (Licht, chemische Energie, mechanische Energie, thermische Energie, Kernenergie). Ein Energieträger ist die jeweils konkrete Realisierung einer Energiewährung, so wie ein Hundert-Euro-Schein eine bestimmte Realisierung der Eurowährung ist. Fossile Energie wie Erdöl ist also in Wahrheit ein Energieträger der Währung »chemische Energie«, die die Natur in diesem konkreten Fall vor Millionen von Jahren mittels einer Energiewandlung, eines Umtauschs von Sonnenlichtenergie in chemische Energie (Chlorophyll), gedruckt hat und seitdem in einen relativ schwer zugänglichen Tresor unter der Erdoberfläche verwahrt.

Erdölfirmen sind sozusagen professionelle Bankräuber, die diese uralten Tresore knacken und das Geld herausholen. Wasserstoff könnte ein neuer, moderner Energieträger der Energiewährung chemische Energie werden, wobei in diesem Falle Geldscheine mit Hilfe von Elektrizität oder chemischen Prozessen nach Bedarf neu gedruckt werden und in unterschiedlichen Tresoren wie Druckflaschen oder auch chemischen Speichern gehortet werden können. Diese Tresore sind wesentlich leichter zugänglich, denn sie müssen nicht geknackt werden, da ihre Besitzer von vornherein auch über die Schlüssel verfügen.

Was ist Wärme?

Im vorigen Abschnitt war mehrfach von Wärme die Rede und von ihrer Rolle, die sie für die Energiebilanzen spielt. Fragen wir noch einmal nach ihrem Wesen: Noch bis weit in die zweite Hälfte des 19. Jahrhunderts stellte man sich Wärme als eine Art Stoff vor. Man hatte einfach noch nicht begriffen, dass auch Strukturen, Muster etwas »Reales« sind. Alles Wirkliche musste stofflich sein. Wenn etwas brannte, dann entwich ein geheimnisvoller Stoff namens Phlogiston und ließ einen verbrannten Stoff, Phlegma genannt, zurück. Auch die Seele war etwas Stoffliches. Im Mittelalter stellte man sie sich als kleine Person vor, die aus dem Mund des Toten entwich. Licht war etwas Stoffliches, eine Welle, die sich in einer realen Substanz namens Äther bildete.

Es stellte einen riesigen Schritt in Richtung moderner Denkweise – damit in Richtung Thermodynamik, Informationstheorie, Quantentheorie – dar, als Mitte des 19. Jahrhunderts Männer wie Lord Kelvin und Ludwig Boltzmann Zweifel an der Stofflichkeit von Wärme äußerten. Boltzmann zum Beispiel entdeckte, dass Wärme eine spezielle Verhaltensweise sei, eine besondere Art der Interaktion von Atomen, der man höchstens mit statistischen Mitteln beikommen konnte. Wärme selbst war jetzt ein abstrakter Begriff. Dieser Übergang vom Stofflichen zum abstrakt Statistischen war ebenso revolutionär wie die Darwin'sche These von der Abstammung des Menschen vom Affen, zumal damals die Existenz von Atomen noch eine von den meisten Forschern bezweifelte Hypothese war.

Auch ein Begriff wie der der Arbeit wurde von dieser Entkonkretisierung erfasst. Wärme war nun eine besondere Methode eines Energietransportes von A nach B. Arbeit war ebenfalls eine solche Methode, nur war diesmal kein Temperaturunterschied beteiligt. Ganz haben wir die stoffliche Vorstellung bis heute noch nicht überwunden, denn wir sagen immer noch: Wärme »fließt« von A nach B, als sei sie ein Stoff wie Wasser.

Wärme ist also nicht etwas Stoffliches, sondern etwas Mechanisches. Im Begriff der Thermodynamik steckt genau dieser Übergang, denn Dynamik ist ein Phänomen der Bewegung. Heute weiß man, dass Wärme nichts anderes ist als die ungeordnete, chaotische, inkohärente Bewegung von Atomen und Molekülen. Ihr regelloses Durcheinanderwirbeln, dieses Schneegestöber von Teilchen, das man Brown'sche Molekularbewegung nennt, gibt in seiner durchschnittlichen, gemittelten Heftigkeit das Maß der Temperatur des erwärmten Stoffes vor. Da es sich um Bewegungsenergie handelt, spricht man auch von mittlerer kinetischer Energie, die die innere Wärme eines Stoffes ausmacht.

Bei Gasen mit ihrer freien Beweglichkeit der Moleküle ähnelt die Brown'sche Bewegung tatsächlich einem perfekten Chaos. Bei festen Körpern haben die Atome bzw. Moleküle weniger Bewegungsfreiheit, da sie zumeist in Kristallgittern angeordnet sind, doch schwingen sie dann unregelmäßig, und zwar umso heftiger, je heißer es ist. Die Verwandlung dieser chaotischen Bewegung in eine gezielte, gleichgerichtete, die Arbeit leisten kann, ist das, was eine Wärmekraftmaschine leistet. Wärmeleitung ist eine Art Schunkeleffekt, der sich durch einen Körper bewegt. Heiße Atome geben ihre Bewegung an die kühleren Nachbaratome weiter, bringen diese auf die gleiche Temperatur, und so geht es weiter von Nachbar zu Nachbar, wie in einem Äppelwoi-Lokal oder bei der La-Ola-Welle in Stadien. Neben dieser Form der Wärmeübertragung gibt es noch zwei andere Formen: Konvektion und Strahlung. Konvektion ist der Transport von warmer Luft, wie wir es bei Wolken sehen. Wärmestrahlung ist ein elektromagnetisches Phänomen wie Licht, jedoch ist die Wellenlänge dieser Strahlung länger. Das Auge registriert sie nicht. Wir spüren sie jedoch, da sie beim Auftreffen auf unserer Haut dort verstärkte Brown'sche Molekularbewegung induziert, die wir als Erwärmung registrieren.

Was bedeutet Wirkungsgrad?
Was ist eine Carnotmaschine?

Beschäftigen wir uns zunächst mit dem bereits erwähnten Begriff des Wirkungsgrades, der bei unserem Thema immer wieder eine wichtige Rolle spielen wird. Jedes System, das eine Leistung durch einen Umtausch in der Energiewährung erbringt, hat einen bestimmten Wirkungsgrad, einen so genannten Systemwirkungsgrad. Er tritt als Zahl gesehen immer als echter Bruch auf, ist also kleiner als Eins. Dieser Bruch basiert in seiner Größe auf einem Vergleich zwischen Input und Output, zwischen Nutzleistung und investierter Leistung.

Die Nutzung von Energie in einem Energiewandler gleicht einer Geschäftsbeziehung. Wenn ich viel hineinstecke und nur wenig herausbekomme, ist die Geschäftsbeziehung schlecht und sollte eingestellt werden. Treten überhaupt keine Verluste (zum Beispiel durch Reibung) auf, dann ist das Verhältnis von Input zu Output Eins zu Eins, das heißt der Wirkungsgrad wäre Eins – ein Idealfall, der nur in der Theorie erreichbar ist. Der andere Extremfall: Alles, was man in ein System hineinsteckt, geht in ihm verloren. Dann wäre der Wirkungsgrad gleich Null.

Man unterscheidet thermischen Wirkungsgrad, das ist der Wirkungsgrad von Wärmekraftmaschinen (Ottomotor) und Kraftwärmemaschinen (Kühlschrank), elektrischen Wirkungsgrad (bei einem Elektromotor das Verhältnis von mechanischer zu elektrischer Leistung) und mechanischen Wirkungsgrad (zum Beispiel der eines Getriebes, in dem immer durch Reibung und damit Erwärmung der beweglichen Teile etwas an Effektivität verloren geht). Beim thermischen Wirkungsgrad gibt es eine Besonderheit, die wir bereits erwähnt haben: Wärme ist ungeordnete Molekularbewegung, Kraft ist geordnete Bewegung.

Eine Wärmekraftmaschine ist ein Apparat, der ungeordnete in geordnete Bewegung verwandelt, eine Kraftwärmemaschine macht es genau umgekehrt. Verglichen mit anderen Energie-wandlern haben die thermischen eine Besonderheit, die sich negativ auf ihren Wirkungsgrad auswirkt: Der Unterschied zwischen oberer und unterer Temperatur bestimmt die Wirksamkeit des Aggregats. Warm fließt nach kalt, von der Quelle zur Senke. Je größer der Unterschied, desto größer das Gefälle, desto reißender der Fluss. Ist er besonders reißend, ist der Wirkungsgrad hoch. Beim Ottomotor erhitzt die Explosion bzw. Verbrennung des Luft-Benzin-Gemisches auf eine hohe Temperatur T1, das dabei entstandene Gas dehnt sich aus, treibt den Kolben vor sich her und kühlt sich dabei auf T2 ab. Dann folgt der Ausstoß dieses Gases durch den Auspuff. Da es immer noch über eine Temperatur verfügt, die höher als die der Umgebung ist, geht also Wärme verloren und zwar in einem beträchtlichen Maße. Eine völlige Umsetzung der Wärme in Kraft würde nur bei einer Umgebungstemperatur und einem T2 im Bereich des absoluten Nullpunktes von 0 Grad Kelvin (dies entspricht -273 Grad Celsius) möglich sein (der Bruch T1/T2 geht gegen unendlich!). Hinzu kommen andere Verluste durch Reibung und Kühlung, so dass der Systemwirkungsgrad noch weiter gedrückt wird.

Hohe Kompression wirkt sich übrigens günstig auf das Verhältnis T1/T2 aus. Deshalb ist der Dieselmotor dem Ottomotor auch überlegen, was den Wirkungsgrad anbelangt, denn er komprimiert das Gasgemisch so hoch, dass es sich selbst entzündet. Doch auch der Dieselmotor unterliegt den Gesetzen des Carnotprozesses, jener kreisförmigen Arbeitsweise, die zuerst Sadi Carnot an den Arbeitstakten einer idealisierten Dampfmaschine untersuchte.

Moderne Dampfkraftwerke arbeiten bei Temperaturen von 530 Grad als Quelle und 100 Grad als Senke. Damit ist ein Wirkungsgrad von maximal 54/100 erreichbar, doch zusätzliche Verluste führen zu einem Systemwirkungsgrad von nur 40/100. Kernkraftwerke schneiden noch schlechter ab. Aus Sicherheitsgründen liegt die Quelle bei ihnen tiefer, bei nur 350 Grad, was einen theoretischen Wirkungsgrad von 40/100 und einen praktischen von 32/100 zur Folge hat. Die Senke, das sind übrigens jene typischen konischen Kühltürme mit den weißen Dampfwolken darüber, die man hin und wieder in der Ferne von der Autobahn aus sieht!

Ottomotoren sind wie Dampfmaschinen so genannte Carnotmaschinen. Sie erreichen im Zylinder eine Quellentemperatur von kurzzeitig über 3000 Grad, während die Senke, die Temperatur des Auspuffgases, noch bei rund 1100 Grad liegt. Damit wäre ein Wirkungsgrad von immerhin 56/100 erreichbar, doch um anderer notwendiger Tugenden eines Automotors willen, Leichtigkeit zum Beispiel, beträgt der reale Wirkungsgrad nur etwa 25/100.

Was ist eine Carnotmaschine? Eine Wärmekraft- oder Kraftwärmemaschine, die dem naturgesetzlich verankerten Carnotprozess unterliegt. Bildlich gesprochen ist sie eine Art Fluss, dessen Strömung ein Schaufelrad antreibt (hierin hat sich das veraltete Bild des fließenden Wärmestoffes erhalten) und der nur in eine Richtung fließen kann: von oben nach unten, von der Quelle zur Mündung.

Was ist ein Carnotprozess? Zur Beantwortung dieser erstaunlich wichtigen Frage müssen zunächst einige Begriffe und Sachverhalte erklärt werden. Prozesse, an denen Gase beteiligt sind, können adiabatisch ablaufen, das heißt ohne Wärmeaustausch. Dann sind die Prozesse entweder zu schnell, um eine Weitergabe von Wärme zu erlauben, oder ihre Teilnehmer sind gut voneinander isoliert. Bei Ausdehnung eines Gases sinkt in einem solchen Fall die Temperatur analog zur Ausdehnung, bzw. sie steigt analog zur Kompression. Sie können aber auch isotherm ablaufen, das heißt, ihre Temperatur ändert sich nicht. Dann muss bei Ausdehnung Wärme eingespeist werden, bei Kompression (verlorene) Wärme abgeführt werden.

Der französische Physiker Sadi Carnot (1796 – 1832) schuf die Grundlagen zum Verständnis thermischer Energiewandler, indem er die Vorgänge in einer Wärmekraftmaschine, damals natürlich eine Dampfmaschine, idealisierte und so einer mathematischen Beschreibung zugänglich machte. Er war der Sohn des Kriegsministers und wirkte 1814 bei der Verteidigung der französischen Hauptstadt mit. Während der Besetzung durch die Engländer erkannte Carnot, dass die militärische Übermacht der Engländer ihren besseren Dampfmaschinen zu verdanken war. Es war also Patriotismus, der ihn die Prozesse untersuchen ließ, die in einer Dampfmaschine ablaufen. Leider starb der geniale Physiker viel zu früh an der Cholera. Immerhin fand er heraus, dass der alte Menschheitstraum vom Perpetuum mobile für immer ausgeträumt war. Dies war der erste Schritt in Richtung Thermodynamik, einer Disziplin, die bis hin zur Relativitätstheorie, Kybernetik und Informationstheorie die Wissenschaft revolutionieren sollte.

Es gibt zwei Arten von fiktiven Perpetuum mobiles. Ein Perpetuum mobile erster Art ist eine Maschine, die Arbeit leistet, ohne dabei ihrer Umgebung Energie zu entziehen. Ein Perpetuum mobile zweiter Art ist eine Maschine, die Arbeit leistet, indem sie nichts weiter tut, als ihrer Umgebung Wärme zu entziehen. Beides ist unmöglich. Leider. Ich selbst war als Zehnjähriger der Überzeugung, ein Perpetuum mobile der ersten Art erfunden zu haben. Es war eine Pumpe, die Wasser aus einem Behälter pumpt und dieses auf ein Schaufelrad lenkt. Das Schaufelrad treibt die Pumpe an. Also kann diese Pumpe ewig arbeiten, dachte ich. Ich war bitter enttäuscht, als mein Vater etwas von Reibungsverlusten murmelte, die die Pumpe schnell zum Stillstand bringen würden. Gehen wir noch ein wenig auf dieses Thema ein, denn es ist durchaus relevant für eine Wasserstofftechnologie, wenn es zum Beispiel um die Frage geht, was sinnvoller ist, ein von Wasserstoff getriebener Ottomotor oder eine Kombination von Brennstoffzelle und Elektromotor.

Alle thermischen Energiewandler unterliegen, wie bereits erwähnt, dem Ersten und Zweiten Thermodynamischen Hauptsatz. Ohne dass wir hier zu tief in die komplizierte Materie eindringen, sei kurz noch einmal auf diese geheimnisvollen Gesetze eingegangen. Sie gehören zweifellos zu den ehernen, biblischen Geboten der Natur. Historisch gesehen wurde der Zweite Thermodynamische Hauptsatz zuerst entdeckt. Er besagt nichts anderes, als dass es irreversible Prozesse in der Natur gibt. Prozesse, in denen Entropie zunimmt. Zur Erinnerung: Entropie ist das Maß der molekularen Unordnung bzw. der molekularen Bewegungsfreiheit. Ein Kristall hat eine geringere Entropie als eine Flüssigkeit und diese wiederum eine geringere als Gas. Könnte Wärme von Kalt nach Warm, von der Senke zur Quelle fließen, könnte man einen irreversiblen Prozess umkehren und mindestens ein Perpetuum mobile der zweiten Art wäre möglich. Die Natur wäre symmetrisch wie im Falle elektrischer Ladungen oder bei Materie und Antimaterie. Doch dieses Wunder gibt es nicht. Die Natur ist in diesem Falle, ähnlich wie im Falle der Zeit, leider (oder Gott sei Dank?) asymmetrisch. Wenn eine warme Hand eine kalte Hand ergreift, dann wird sie nicht noch wärmer, sondern sie kühlt ein wenig ab, während die kalte Hand ein wenig wärmer wird. Diese fundamentale Asymmetrie beschreibt der Zweite Hauptsatz. Man kann ihn auch so formulieren: Es gibt keine periodisch arbeitende Maschine, die nichts anderes bewirkt als mechanische Arbeit und Abkühlung eines Wärmereservoirs.

Der Erste Hauptsatz formuliert die Tatsache, dass keine Maschine Arbeit leisten kann, ohne ihrer Umgebung Energie zu entziehen (Perpetuum mobile erster Art). Dies ist nur eine andere Formulierung des Ernergiesatzes: Die Summe von kinetischer und potenzieller Energie ist konstant. Meine Schaufelradpumpe war ein solches Perpetuum mobile erster Art – eine Maschine, die Arbeit leisten sollte, ohne ihrer Umwelt überhaupt Energie zu entziehen, zum Beispiel indem sie durch Heben einer Last deren potenzielle Energie erhöht. Sie scheitert an der Reibung, die gleichbedeutend ist mit Energieentzug, die man einer solchen Maschine also aus der Umgebung zuführen muss, damit sie läuft. Der erste Hauptsatz ist gewissermaßen weniger streng, denn er erlaubt, dass man diese Energie als Wärmeenergie der Umgebung entzieht. Dies wiederum verbietet der Zweite Thermodynamische Hauptsatz mit seinem Verdikt gegen ein Temperaturgefälle von unten nach oben. Er verbietet also auch ein Perpetuum mobile zweiter Art. Dieses Verbot führt direkt zum Carnotprozess.

Carnot hatte eine ideale Wärmekraftmaschine erdacht, eine so genannte Carnotmaschine. Das ist eine Maschine, die arbeitet, indem sie aus einem Reservoir Energie entnimmt, so wie die Dampfmaschine aus dem kohlebeheizten Dampfkessel. Entscheidend ist, dass die Carnotmaschine periodisch arbeitet. Sie durchläuft einen Kreisprozess aus unterschiedlichen Arbeitstakten. Jeder, der sich mit Automotoren auskennt, weiß dies. Mal leistet ein Kolben mechanische Arbeit, weil ihn das komprimierte Benzin-Luftgemisch nach der Zündung heruntertreibt, mal verdrängt er im Hochlaufen die verbrannten Abgase aus dem Zylinder.

Diese Funktionen kehren zyklisch immer wieder. Eine Carnotmaschine durchläuft dabei vier Phasen: Zwei sind adiabatisch, zwei isotherm. Heißer Dampf strömt in den Zylinder, bzw. beim Diesel- oder Ottomotor wird eine brennbare Gasmischung zur Entzündung gebracht. Der Kolben steht oben. Das heiße Gas dehnt sich aus und treibt ihn nach unten, ein echter Arbeitshub also. Das Gas kühlt sich dabei kaum ab, da es noch mit seiner heißen Quelle in Verbindung steht. Dieser wird dabei Wärme entzogen. Diese Phase ist also isotherm. Würde jetzt durch eine Drehung der Kurbelwelle der Zylinder wieder hochgetrieben, würde das Gas komprimiert und seine Hitze an die Umgebung abgegeben. Der Quelle würde zurückgegeben, was sie vorher abgeben musste. Ein ebenfalls isothermer Vorgang, der genauso viel Kraft verbraucht, wie im Arbeitshub gewonnen wurde.

Eine solche zyklische Wiederholung nennt man Atkinsprozess. Hierbei wird keine echte Arbeit geleistet, denn der Input ist genauso groß wie der Output. Damit es zu einer Leistung kommt, muss dem ersten Arbeitshub ein zweiter folgen, der adiabatisch ist. Hierbei wird der thermische Kontakt zur Quelle abgebrochen. Daher kühlt sich das Gas jetzt durch seine weitere Ausdehnung ab. Ebenfalls ein echter Arbeitshub, doch diesmal wird nur die im expandierenden Gas enthaltene Energie verbraucht. Jetzt ist der Tiefpunkt des Kolbens erreicht. Um den zyklischen Prozess fortzusetzen, muss er jetzt nach oben geschoben werden. Dabei würde sich das abgebrannte oder entspannte Gas durch Kompression wieder erhitzen. Dies muss verhindert werden. Es wird ausgestoßen und durch frisches ersetzt. Damit es sich bei der Kompression nicht erhitzt, wird es mit einer kalten Senke in Berührung gebracht, mit anderen Worten, es wird gekühlt. Erst im letzten Abschnitt des Kolbenweges nach oben wird der Kontakt zur Senke abgebrochen. Nun kommt es zu einer adiabatischen Kompression. Ist alles richtig eingestellt, wird das Gas jetzt auf die alte Temperatur und den ursprünglichen Druck komprimiert, worauf eine neue Zündung erfolgt.

Ein solcher vierphasiger Carnotprozess leistet insgesamt bei jedem komplett durchlaufenen Zyklus echte Arbeit, er setzt jedoch einen Temperaturunterschied zwischen Quelle und Senke zwingend voraus. Dabei geht laut dem Zweiten Thermodynamischen Hauptsatz ein Teil der Arbeit als ungeordnete Molekularbewegung in der Senke verloren. Damit sie ihre Wirkung beibehält, muss sie ständig erneuert, sprich gekühlt werden, wobei besagte Verluste als Zunahme der Umgebungstemperatur (Anwachsen der Entropie!) unvermeidlich sind.

Es ist übrigens die Frage, ob nicht sämtliche Prozesse des Lebens und der Psyche nur im Sinne eines Carnotprozesses funktionieren können. Man braucht die Senke, die Trauer, den Verlust, um seelische und moralische Arbeit zu verrichten, um Glück zu empfinden, so wie man für eine gute Ehe das Zerwürfnis braucht. Doch beim materiellen Energiekonsum könnte man auf Carnotprozesse verzichten, denn sie sind Energieverschwender. Da wir heute als Arbeitssklaven im Wesentlichen Carnotmaschinen einsetzen wie zum Beispiel im Straßenverkehr das Auto mit konventionellen Benzin- und Dieselmotoren, sind wir also aus rein physikalischer Gesetzmäßigkeit Energiebanausen. Heute, im Zeitalter extremen Energieverzehrs, müssen wir daher versuchen, die Welt von Carnotmaschinen zu befreien. Dann würde der globale Energieverbrauch ein gutes Stück sinken.

Noch ein Wort zur Entropie. Wir erwähnten bereits, dass der Wirkungsgrad eines Energietauschsystems umso größer ist, je höher der Temperaturunterschied zwischen Quelle und Senke ist. Dies hängt mit der Entropie zusammen. Bei der Formel, nach der sie berechnet wird, erscheint die Temperatur im Nenner. Dies bedeutet, dass hohe Temperaturen geringere Entropieänderungen zur Folge haben und damit weniger Wärmeverlust. Um hier zu vermeiden, diesen so wichtigen, jedoch wenig anschaulichen Sachverhalt näher zu erläutern, nur ein einfaches Beispiel, das ihn beleuchtet: Eine Temperaturänderung von zehn Grad bei Zimmertemperatur hat gewaltige, höchst spürbare Folgen. Die gleiche Temperaturänderung bei tausend Grad ist kaum wahrnehmbar und praktisch folgenlos. Dies wirkt sich positiv auf den Wirkungsgrad aus, in dem ja nichts anderes steckt als das Gefälle zwischen Quelle und Senke. Noch anders gesagt: Bei einem langsam fließenden Fluss ist eine Gefälleänderung von nur einem Prozent durchaus für die Fließgeschwindigkeit relevant, weniger jedoch bei einem reißenden Hochgebirgswasser. Ein letzter Vergleich: Wenn ich viel Geld in der Tasche habe, tut der Verlust von fünfzig Euro nicht weh. Wenn ich wenig Geld habe, sehr wohl. Auch wenn es zynisch klingt, der Wirkungsgrad eines Konsumsystems ist umso höher, je höher der finanzielle Level ist, auf dem er abläuft.

Was ist Wasserstoff?

Wir nähern uns unserer eigentlichen Thematik, wenn wir uns jetzt näher mit Wasserstoff beschäftigen. Er ist das neunthäufigste chemische Element auf der Erde, am gesamten sichtbaren Kosmos hat er sogar einen Anteil von neunzig Prozent. Wasserstoff ist ein extrem »promiskuitives«, extrem bindungsfreudiges Element. Daher kommt es fast immer in gebundener Form vor. Im atomaren Zustand taucht es in großen Mengen im Plasma der Sterne auf, als H_2-Molekül ist es ein farb-, geruch- und geschmackloses Gas, das in ungebundener Form auf der Erde bzw. den unteren Schichten der Erdatmosphäre kaum vorkommt. Es ist nämlich so leicht, dass es sich schnell nach oben verflüchtigt, sollte es einmal auf natürliche Weise entstehen. Seine »Leichtigkeit« war auch der Grund dafür, dass es lange Zeit als Füllgas für Ballone und Luftschiffe verwendet wurde, ehe es das ungefährlichere, weil unbrennbare Helium in dieser Funktion verdrängte.

Je höher man sich über die Erdoberfläche erhebt, desto mehr Wasserstoff gibt es. In einigen hundert Kilometern besteht die hier bereits sehr dünne Atmosphäre gänzlich aus Wasserstoff. Er hat keinen Auftrieb mehr, weil es in seiner dünnen Umgebung nichts Leichteres mehr gibt. Wenn man so will, ist die schöne Erde also von einem dünnen Wasserstoffschleier eingehüllt.

Physikalisch gesehen ist Wasserstoff, chemisches Zeichen H, die Mutter aller Elemente. Keines ist so einfach aufgebaut. Ein Proton als Kern, ein Elektron, das ihn umkreist – genau so wie Erde und Mond. Es ist gewissermaßen der einfachste Legostein, aus dem das ganze komplexe Gebäude der Natur aufgebaut ist, der Lehm, aus dem der Schöpfer das Universum schuf. Wesentlich seltener als der leichte Wasserstoff (Protium) sind seine beiden Isotope schwerer Wasserstoff (Deuterium) und superschwerer Wasserstoff (Tritium). Deuterium verfügt über ein zusätzliches Neutron, Tritium über deren zwei. Da die chemischen Eigenschaften von Elementen ausschließlich durch die von der Protonenanzahl abhängigen Zahl der Elektronen bestimmt wird, verhalten sich alle drei Isotope chemisch gleich. Dies gilt jedoch nicht für ihr Verhalten im atomaren Bereich. Eine Sekunde nach dem Urknall bestand die Welt hauptsächlich aus Wasserstoff, so dass man mit Recht das bekannte Bibelwort abwandeln darf: »Am Anfang war der Wasserstoff.« Besonders interessant ist übrigens Deuterium, weil er zu Helium fusioniert – das berühmte »Sonnenfeuer«, das wir leider immer noch nicht auf die Erde holen konnten. Energiepolitisch leben wir alle von diesem Feuer: Pflanzen, Tiere, Menschen, das Wetter. Wasserstoff fusioniert im Inneren der Sonne zu Helium, und die dabei frei werdende Energie trifft zu einem Bruchteil bei uns als Sonnenstrahlung ein. Alles, was auf der Erde an Leben vorhanden ist, ist dieser kostenlosen Energiezufuhr zu verdanken.

Wegen seiner unscheinbaren Eigenschaften wurde Wasserstoff erst sehr spät entdeckt. Möglicherweise hat es Paracelsus im 16. Jahrhundert bereits gekannt. Der englische Naturforscher Robert Boyle schüttete Eisenpulver in Schwefelsäure und erhielt dabei einen »leicht brennbaren Dampf«. Der englische Privatgelehrte Henry Cavendish isolierte 1766 diese »brennbare Luft«, bestimmte ihr Volumengewicht und entdeckte die explosive Knallgasreaktion von Wasserstoff mit Sauerstoff, bei der Wasser entsteht. Der französische Chemiker Lavoisier schlug deshalb für Wasserstoff den Namen Hydrogen (Wasserbildner) vor – daher das Elementsymbol H für Wasserstoff. Wasserstoff ist den Metallen verwandt, die auch nur ein Valenzelektron haben. Es geht mit ihnen Legierungen ein, wie zum Beispiel mit Palladium (Palladiumwasserstoff). Dies wird noch wichtig sein, wenn es um die Speicherung von Wasserstoff geht.

Von großer Bedeutung für unser Thema ist Wasserstoff in seiner flüssigen Form. Die Verflüssigung dieses Gases gelingt erst bei extrem tiefen Temperaturen, genau gesagt bei zwanzig Grad Kelvin, das sind -253 Grad Celsius. Es gibt zwei Formen des Wasserstoffmoleküls: Orthowasserstoff und Parawasserstoff. Sie unterscheiden sich durch den so genannten Kernspin; bildlich gesprochen ist dies die Richtung der Rotation des Kerns. Orthowasserstoff hat einen parallelen Kernspin, das heißt, beide am Molekül beteiligten Atomkerne drehen sich symmetrisch, im gleichen Sinne, wie zwei Kreisel, die von der gleichen Peitsche getroffen wurden. Parawasserstoff hat einen antiparallelen Kernspin, besitzt also eine asymmetrische Form. Eine sich drehende Ladung wie die des positiv geladenen Protons (Kern) ist so etwas wie ein kleiner Dynamo, er erzeugt ein Magnetfeld. Beim Orthowasserstoff verstärkt sich dieses, verdoppelt sich gegenüber einem einzelnen Atom, beim Parawasserstoff heben sich die beiden Magnetfelder gegenseitig auf.

Dies hat Konsequenzen für den Energiegehalt. Bei Orthowasserstoff ist er deutlich größer. Normalerweise befinden sich beide Wasserstoffarten in einem stabilen, jedoch temperaturabhängigen Gleichgewicht. Bei Zimmertemperatur sind es 75 Prozent Ortho- und 25 Prozent Parawasserstoff. Bei sehr tiefen Temperaturen geht immer mehr Ortho- in Parawasserstoff über, beim absoluten Nullpunkt haben wir reinen Parawasserstoff. Bei einer Verflüssigung von Wasserstoffgas wird zunächst das Verhältnis 75 zu 25 beibehalten. Doch thermodynamisch müsste bei zwanzig Grad Kelvin eigentlich ein Gleichgewicht von 0,2 Prozent Ortho- zu 99,8 Prozent Parawasserstoff vorliegen. Dies führt dazu, dass sich im flüssigen Wasserstoff kontinuierlich Orthowasserstoff in Parawasserstoff umwandelt. Dabei wird erheblich viel Wärme frei, entsprechend der geringeren Energie von Parawasserstoff (die überschüssige Energie muss ja irgendwo hin und entweicht deshalb als Wärme). Das macht natürlich Probleme bei der Lagerung (Abdampfverluste). Deshalb muss vor einer Verflüssigung das neue Gleichgewicht mit Hilfe von Katalysatoren eingestellt werden.

Gewöhnlich dauert die Umstellung eines Gleichgewichts beim Wechsel der Temperatur Jahre. Bei Anwesenheit von Aktivkohle geht sie jedoch in wenigen Minuten vonstatten.

Was ist Wasser?

Wir sind zwar Landtiere, doch kaum etwas fasziniert uns so wie das Wasser. Wasser ist Kult, ob als Meer, als See, als Fluss oder als Tafelwasser. Touristisch oder mit den Augen des Immobilienmaklers gesehen, bedeutet Wasser eine enorme Aufwertung von in der Nähe befindlichem Land. Umwelttechnisch ist es eine Problemsubstanz ebenso wie versicherungspolitisch. Es gibt große globale Probleme durch Trinkwassermangel oder Verunreinigungen, und es gibt zunehmend – als Indiz der globalen Erwärmung – Schäden durch Hochwasser. Seeleute haben Wasser übrigens immer geliebt und gefürchtet zugleich. Sie hatten, jedenfalls in der Vorcontainerzeit, eine von Aberglauben und Ehrfurcht geprägte Liebes- und Hassbeziehung zu dem Element. Auch physikalisch bzw. chemisch gesehen ist Wasser ein höchst rätselhafter Stoff.

Wasser ist die häufigste Substanz auf der Erdoberfläche. Es ist das Fruchtwasser von Mutter Erde, aus dem das Leben entstand. Auch wir bestehen zum größten Teil aus Wasser. Wunderbar, könnte man denken, dann verfügen wir ja über eine wahrhaft unerschöpfliche Quelle für Wasserstoff! Doch so einfach ist es leider nicht, denn Wasser ist chemisch ein Rätsel. Die Anordnung der Atome ist winkelig. Das Sauerstoffatom streckt ungefähr im rechten Winkel zwei Bindungsarme zu den Wasserstoffatomen aus, als wolle es sie in einer Umarmung für immer an sich drücken. In der Tat ist diese Dreiecksbeziehung von ungeheurer Festigkeit. Die rechtwinklige Anordnung der Bindungsarme hat übrigens Konsequenzen: Wasser hat eine Neigung zur Kristallbildung, eine Tatsache, die für unser Thema noch wichtig sein wird.

Wasser ist also ein Beispiel für die äußerst stabile und enge Lebensgemeinschaft eines Moleküls, dessen Partner in der Außenhülle ein Oktett, eine Edelgaskonfiguration bilden. Sauerstoff hat sechs Valenzelektronen in der Außenhülle, Wasserstoff eines. Also sucht sich Sauerstoff (O) zwei Wasserstoffatome als Lebenspartner. Dabei entsteht Wasser, H_2O, mit einer Edelgaskonfiguration in der Außenhülle – eine perfekte »menage à trois«.

Die Vereinigung verläuft so heftig, so leidenschaftlich, dass sie gerne als Knallgasreaktion bezeichnet wird. Es ist eine extrem exotherme Reaktion. Entsprechend schwer ist das Trio wieder zu trennen und den Wasserstoff vom Sauerstoff abzuspalten. Hohe Bindungsenergie verlangt bilanzmäßig, wie wir bereits wissen, hohe Spaltungsenergie.

Dies wird sich als größtes Problem einer globalen Wasserstoffwirtschaft erweisen, denn es macht die Herstellung von Wasserstoff aus Wasser teuer. Andererseits verdanken wir die ungeheure Menge von Wasser, die sich auf der Erdoberfläche findet, der extremen chemischen Stabilität der Wohngemeinschaft H_2O. Es wird also in einer Wasserstoffwirtschaft darauf ankommen, möglichst effektive und preiswerte Methoden der Wasserspaltung zu entwickeln.

Übrigens entsteht bei der »Verbrennung« von Wasserstoff mit Sauerstoff zur Erzeugung von Energie wieder Wasser – eine günstige Sache, wenn der Brennstoff sich selbst erneuert. Man stelle sich vor, beim Benzin wäre es ähnlich. Aus dem Auspuff käme diese teure Flüssigkeit und ließe sich wenigstens teilweise wieder verwenden!

Was ist ein Katalysator?

In der Umgangssprache versteht man unter dem Begriff »Kat« eine mysteriöse Blackbox vor dem Auspuff, die den Schadstoffausstoß verringert und damit auch die Autosteuer. Für den Chemiker hat das Wort jedoch eine umfassendere, für unser Thema höchst relevante Bedeutung. Ein Katalysator ist selbst nicht aktiv an einem chemischen Prozess beteiligt, er vermag ihn jedoch zu beschleunigen (positiver Katalysator) oder abzubremsen (negativer Katalysator).

Bemühen wir wieder das Uhrenmodell: Bei einer Uhr wäre ein positiver Katalysator ein Schmiermittel, ein feines Öl, das die Reibung der Räder in ihren Lagern vermindert. Die Uhr läuft dann leichter, es wird weniger Kraft vergeudet, um die Reibung der Räderachsen in den Lagern zu überwinden. Vor allem sehr edle Metalle wie Gold, Palladium und Platin eignen sich als Katalysator.

Sie verfügen über zwei für einen Katalysator notwendige Eigenschaften: Erstens beteiligen sie sich auf Grund ihrer valenzgesättigten Außenhülle ähnlich wie die Edelgase nicht direkt an einer chemischen Reaktion und werden daher nicht verbraucht. Zweitens verfügen sie über eine raue und daher sehr große Oberfläche mit vielen Poren, Ecken und Kanten. Genau dieser Sachverhalt verstärkt bzw. beschleunigt die Reaktionsbereitschaft von sich in unmittelbarer Nähe befindlichen Elementen. Man sieht, Kontakt ist oft alles, und Glätte bietet weniger davon als das Raue. Auch beim geregelten Dreiwege-Katalysator von benzingetriebenen Autos kommen Edelmetalle zum Einsatz: Platin mit einer wirksamen Gesamtoberfläche von $20\,000$ m^2 pro Liter Kat! Das Platin beschleunigt die Oxidation des giftigen Kohlenmonoxids (CO) zu dem ungiftigen, jedoch als Treibhausgas verrufenen Kohlendioxid (CO_2). Ebenso oxidiert es den Kohlenwasserstoff Methan und reduziert giftiges Stickoxid (NO) zu Stickstoff, Kohlendioxid und Wasserdampf.

Schauen wir noch einmal genauer hin. Es gibt drei Typen chemischer Verbindungen: stabile, metastabile und labile. Bei stabilen Verbindungen wie Wasser ist die Reaktionsgeschwindigkeit nahe Null, das heißt, Wasser zersetzt sich nicht bei Zimmertemperatur. Wir können wieder mit einem anschaulichen Vergleich aus der uns aus dem Alltäglichen vertrauten Mechanik arbeiten: Stabile Verbindungen gleichen einem Wagen auf ebener Straße. Wir brauchen Energie, um ihn in Bewegung zu setzen. Metastabile Verbindungen gleichen einem Wagen auf abschüssiger Strecke, dessen Bremsen angezogen sind. Er bewegt sich erst, wenn man die Bremsen löst. Dies kann entweder durch Temperaturerhöhung geschehen, denn dann gibt es durch die heftigere Bewegung der Moleküle mehr Kollisionen, mehr Gelegenheiten miteinander zu reagieren, oder aber durch Katalysatoren. Labile Zustände gleichen Wagen ohne Bremsen auf abschüssiger Straße. Sie rollen von allein.

Merken wir uns: Metastabile Gemische sind die Domäne von Katalysatoren. Wie bereits erwähnt, sind auch Leben, organische Strukturen – also auch wir – metastabile Systeme, wie allein die Tatsache des Verwelkens und Sterbens zeigt. Die Aufgabe von Katalysatoren übernehmen in organischen Systemen übrigens die Enzyme.

Wir haben ebenfalls bereits gehört: Es gibt endotherme und exotherme Reaktionen (siehe Seite 33) zwischen Elementen bzw. Molekülen, die gewöhnlich reversibel sind. Die Ausgangsstoffe nennt man Edukte, die Ergebnisse Produkte. Im Übergang zwischen Edukten zu Produkten bildet sich durch eine vorübergehende Gleichzeitigkeit, ein Überlappen beider Seiten, ein besonders energiereicher, so genannter aktivierter Komplex, der mehr oder weniger schnell wieder in die Endprodukte zerfällt. Hierbei wirken feste Katalysatoren wie Platin durch Kontakt mit ihren großen und zerklüfteten Oberflächen als Beschleuniger. Man kann auch sagen, sie senken die Temperatur, bei der die Reaktion ablaufen kann.

Wichtig für unser Thema ist die Tatsache, dass Katalysatoren chemische Reaktionen zwar nicht auslösen, dafür aber beschleunigen, effektiver machen, zum Beispiel die Temperatur senken, bei der sie ablaufen. So genannte Kontaktgifte sind übrigens Elemente oder Verbindungen, die die raue Oberfläche glätten, die Löcher in ihr verstopfen und den Katalysator so unwirksam machen. Eine zukünftige Wasserstoffwirtschaft wird sich Katalysatoren zu Nutze machen. Die Brennstoffzelle ist, wie wir sehen, nicht ohne Katalysatoren möglich. Aus ökonomischen Gründen wird es darauf ankommen, Katalysatoren zu entwickeln, die nicht so teuer sind wie ausgerechnet Gold und Platin.

Was ist Elektrizität?

Solarzellen, Brennstoffzellen, Elektromotoren – diese Energiequellen und Energieverbraucher unterliegen nicht dem Carnotprozess. Mit ihrer Hilfe könnte man deshalb zumindest theoretisch höhere Wirkungsgrade beim Umtausch der Energiewährungen erzielen. Neben Wasserstoff ist Elektrizität der entscheidende Faktor einer Wasserstoffwirtschaft. Es kann also nicht schaden, wenn wir einen kleinen Ausflug machen in die Geschichte des Umgangs mit elektrischem Strom.

Nichts prägt unser Leben so sehr wie jenes geheimnisvolle Phänomen, Elektrizität genannt. Ob Heizen, Kochen, Waschen, Beleuchten, ob Fernsehen, Musikhören, Kommunizieren per Handy, Telefon, Internet, immer haben wir es mit dieser rätselhaften »Energieart«, wie man früher sagte, zu tun. Wir besitzen kein spezifisches Sinnesorgan für Elektrizität, können sie nicht wie Licht, Kälte, Schall oder Gerüche unmittelbar wahrnehmen. Entsprechend lange hat es gedauert, bis elektrische Phänomene ins Visier der Forschung gerieten.

Sinnlich erfahrbar waren ursprünglich nur Blitz, Elmsfeuer und die Anziehungskraft geriebenen Bernsteins auf Holunderkügelchen und Papier. Heute wissen wir: Der »Stoff«, aus dem Elektrizität besteht, sind Elektronen, winzig kleine Elementarteilchen der kleinstmöglichen elektrischen Ladung -1 mit unvorstellbar geringer Masse, die normalerweise die Atomkerne umkreisen und als so genannte Valenzelektronen für deren chemische Eigenschaften verantwortlich sind. Doch unter bestimmten Bedingungen und Umständen lösen sich Elektronen aus ihrer Fixierung an Atomkerne. Sie bilden dann als freie, vagabundierende Teilchen das, was wir mit einer treffenden Metapher als »Strom« bezeichnen. Dies geschieht vor allem in metallischen Leitern wie Kupfer und Silber, aber auch in anderen Stoffen, wie zum Beispiel in Elektrolyten und Halbleitern.

In zumeist als Drähte oder Metallbänder auf Platinen geformten Leitern bilden die Atome einen engen, kristallinen

Verband, wobei sie wie Legosteine aneinanderstecken und dabei überflüssige Elektronen aus ihrer Außenhülle abgeben. Diese Elektronen bilden eine Art Fluid oder Gas, das im Leiter steckt wie Wasser in einem Schwamm.

Legt man eine Spannung an, fließen oder, besser gesagt, sickern und zwängen sich diese Elektronen durch den Leiter hindurch, und zwar von Minus nach Plus, denn Gegensätze ziehen sich bekanntlich an. Sie legen dabei bei normalen Stromstärken nur etwa dreißig Zentimeter in der Stunde zurück, denn das Ionengitter des Leiters bildet einen erheblichen Widerstand. Dass dennoch durch einen Leiter mit Lichtgeschwindigkeit elektrische Signale transportiert werden können, liegt daran, dass sich bei Anlegen einer Spannung alle Elektronen im Leiter gleichzeitig in Bewegung setzen. Anders ausgedrückt: Das elektrische Feld, das den Leiter an der Oberfläche innen und außen umgibt, baut sich mit Lichtgeschwindigkeit auf und transportiert dabei das Signal (die Information).

Die Geschichte des Umgangs der Menschen mit dem Phänomen Elektrizität verlief in vier Schüben:

1. die elektrostatische Phase
2. die elektrochemische Phase
3. die elektrodynamische Phase
4. die elektronische Phase.

Werfen wir einen kurzen Blick auf diese Entwicklung: Vom 17. bis weit ins 18. Jahrhundert beschäftigten sich die Forscher ausschließlich mit Phänomenen der Reibungselektrizität. Franklin, Galvani, Volta, Lichtenberg, um nur einige zu nennen, experimentierten mit Elektrophoren, Elektrisiermaschinen, Blitzableitern. Sie waren mit ihren Apparaten in der Lage, sehr hohe Spannungen bei allerdings sehr kleinen Stromstärken zu erzeugen. Hohe elektrostatische Spannung sind Ladungen in Ruhe. Sie sammeln sich auf Glas- oder Harzkuchen (Bernstein) und verharren dort. Man kann das mit potenzieller Energie vergleichen. Ein Gewicht wird immer höher abgelegt und sammelt in einem Gravitationsfeld (Erdanziehung) immer mehr potenzielle Energie, die beim Herunterfallen schlagartig als kinetische Energie freigesetzt wird.

Ähnliches passiert beim Blitz, bei plötzlichen Entladungen, beim Elektrisieren. Der praktische Nutzen elektrostatischer Phänomene ist gleich Null, da kein Strom kontinuierlich fließt. Man kam also damals über Gesellschaftsspiele wie kollektives Elektrisieren von Menschen, die sich bei der Hand hielten, nicht hinaus. Doch ein erster Erkenntnisschritt wurde getan, weil man zwei Formen der Elektrizität entdeckte, zwei entgegengesetzte Ladungen. Wenn man Bernstein rieb, entstand die eine, wenn man Glas mit Seide rieb, die andere. Beide Arten zogen sich an, hoben sich bei Berührung gegenseitig auf. Der scharfsinnige Lichtenberg wollte die Harzelektrizität (von griechisch *elektron* = Bernstein) positiv nennen, die Glaselektrizität negativ, der Amerikaner Benjamin Franklin wollte es umgekehrt und setzte sich durch, was, wie wir noch sehen werden, zu einem Widerspruch in der Nomenklatur führte.

Die zweite Phase begann gegen Ende des 18. Jahrhunderts mit einem Zufall, der große Konsequenzen hatte: Der italienische Anatom Dottore Luigi Galvani hängte frische Froschschenkel an kupferne Haken und diese an eine verzinkte Balkonbrüstung. Die Schenkel zuckten, was zwar nicht der Dottore bemerkte, dafür aber seine Frau. Von ihr auf das rätselhafte Phänomen aufmerksam gemacht, deutete er es fälschlich als tierische Elektrizität und wurde so beiläufig und unwissentlich zum Erzvater der bis heute grassierenden esoterischen These von der Lebensenergie.

Sein Landsmann Volta interpretierte indes das Phänomen richtig als Kontaktelektrizität, die auftritt, wenn sich bestimmte verschiedene Metalle in einem feuchten Milieu berühren. Bald bauten verschiedene Forscher, Galvani, Volta, Bunsen, Grove »elektrische Elemente«, indem sie verschiedene Substanzen wie Kupfer, Nickel, Zink, Blei, Platin oder Kohle in Wasser tauchten, das sie durch Zugabe einiger Tropfen Säure oder

Lauge oder einer Prise Salz elektrisch leitend gemacht hatten. Zwischen den Elektroden, der Anode, die den Pluspol darstellte, und dem Minuspol, der Kathode, ließ sich eine niedrige Spannung messen (zwischen ein und zwei Volt). Wenn man die Elektroden mit einem Leiter verband, floss ein Strom. Die mit solchen elektrischen Elementen erzielte Stromstärke war vergleichsweise hoch.

Bald gelang es auch, mit Hilfe von Salmiak, Sägespänen, Zink und Kohle Trockenelemente herzustellen, die sich leichter transportieren ließen. Dies war die Geburt der Batterie, so genannt, weil man damals gerne militärisch dachte, und weil es Sinn machte, mehrere Elemente hintereinander zu schalten, um die Spannung zu steigern. Sie waren nun angeordnet wie die Batterie von Kanonen eines Kriegsschiffes. Heute nennt man weniger militaristisch solche Reihenschaltungen, bei denen jeweils Plus- mit Minuspol verbunden wird, Stacks.

Die Addition der Zellenspannungen führte dazu, dass man einen Elektromotor, etwa einen Anlasser, betreiben konnte. Man war nun über das Gesellschaftsspiel des Elektrisierens hinaus und konnte zum Beispiel »Galvanisieren«, das heißt ein minderwertiges Metall mit einer Silberschicht überziehen. Dabei hatte man nebenbei auch die Technik der Brennstoffzelle entdeckt, ohne allerdings zu begreifen, welches Potenzial in ihr steckte.

Der englische Physiker Sir William Grove, der sein eigenes elektrisches Element entwickelte, indem er Zink und Platin in eine elektrolytische Lösung tauchte, fand 1839 heraus, dass man Wasserdampf in seine Bestandteile Wasserstoff und Sauerstoff zerlegen kann, indem man ihn mit einem erhitzten Platindraht (einem Katalysator) in Berührung bringt. Heute nennt man das thermische Dissoziation. Und Grove fand, inspiriert von Ideen seines Brieffreundes, des Basler Physikprofessors Christian Friedrich Schönbein, heraus, dass sich dieser Prozess, wie so viele in der Natur, umkehren ließ: Wasserstoff und Sauerstoff mussten nicht als Knallgas verpuffen, sondern konnten bei geschickter Anordnung in einem Elektrolyt Strom erzeugen.

Grove schaltete etwa fünfzig solcher Zellen zu einem Stack zusammen, eine lange Reihe von Glasröhren, die oben geschlossen und unten offen waren. Abwechselnd enthielten sie gasförmigen Wasserstoff und Sauerstoff. In jedem Rohr war als Katalysator ein Streifen Platin angebracht, der sowohl mit dem Elektrolyt wie auch dem Gas Kontakt hatte. Die Brennstoffzelle war entdeckt. Jede einzelne Zelle erzeugte ein gutes halbes Volt Spannung, hintereinander geschaltet genug, um es Grove zu erlauben, in einem zweiten Apparat Wasser elektrolytisch zu zerlegen. Doch waren die Stromstärken viel zu niedrig, was an der kleinen aktiven Oberfläche lag, an der Elektrolyt, Katalysator und Gas miteinander reagierten. Es gab also zunächst anscheinend keine kommerzielle Zukunft für diese Entdeckung, doch war die elektrogalvanische Technik, was den Fluss bewegter Ladungen anbelangt, der Elektrostatik bereits unendlich überlegen.

Wir haben bei Grove schon alle wesentlichen Merkmale der Brennstoffzelle beisammen: Platin als edelstes Metall, das sich nicht während der Elektrolyse zersetzt, ein feuchtes oder trockenes Elektrolyt, die Anordnung als Stack, um geeignete Spannungen herzustellen.

Sehen wir uns nun das Phänomen des Elektrolyts genauer an. Ein Elektrolyt ist wie ein metallischer Leiter in der Lage, einen Stromfluss zu ermöglichen. Diesmal ist es jedoch nicht Elektronengas, das sich durch das Kristallgitter eines metallischen Leiters zwängt, sondern es sind Ionen in einer wässrigen Lösung. Ein Ion (von griechisch *iénai* = gehen) ist ein Atom oder Molekül (das heißt eine aus mindestens zwei Atomen zusammengesetzte Substanz), dem entweder ein oder mehrere Elektronen der Außenhülle fehlen (positiv geladene Kationen) oder von denen eines oder mehrere zu viel in der Außenhülle vorhanden sind (negativ geladene Anionen). Solche Ionen können ähnlich wie Elektronengas in einem Metallleiter als Transportmittel von Elektrizität dienen und einen Strom bewirken. Voraussetzungen: Sie befinden sich in einem Medium, das ihre Wanderung zulässt, denn Ionen sind ja erheblich sperriger als freie Elektronen; und sie schließen sich nicht gegenseitig kurz, indem das eine mit Elektronenüberschuss sich mit einem anderen mit Elektronenmangel zusammentut. Wasser ist ein solches Medium. Es ist elektrisch neutral und hat zudem die Eigenschaft, bestimmte Moleküle in zwei Ionen entgegengesetzter Ladung aufzuspalten und ihre Vereinigung zu verhindern.

Dies hängt mit dem Dipolcharakter von H_2O-Molekülen zusammen. Sie können sich wie ein Messer zwischen die Moleküle des Elektrolyts schieben und sie so auftrennen. Solche wässrigen Lösungen mit ionisierten Rumpfmolekülen nennt man Elektrolyt. Einer der genialsten Amateure der Physikgeschichte, Michael Faraday, Sohn eines armen Hufschmieds, hat diesen Begriff aus »Elektron« und *lysis* (gr. = Trennung) gebildet.

Es gibt drei Arten von Elektrolyten: Salze, Säuren und Basen, wobei Salze streng genommen entweder zu Säuren oder zu Basen führen, denn in wässriger Lösung spalten sie sich entsprechend auf (Hydrolyse). In allen drei Elektrolyten werden die Moleküle in Anionen und Kationen gespalten. Die Anionen wandern zur Anode und geben dort ihre überschüssigen Elektronen ab. Die Kationen wandern zur Kathode und holen sich dort wie bei einer Quelle die fehlenden Elektronen. An beiden Elektroden bilden sich also die in ihrer Außenhülle wieder kompletten Moleküle. Das Ganze nennt man Elektrolyse, ein enthalpischer Vorgang, denn man braucht Energie zur Zersetzung.

Ein Beispiel: Löst man Kochsalz (Natriumchlorid) in Wasser, wird es von den Wassermolekülen in das Kation Natrium und das Anion Chlor zerlegt. Legt man einen Gleichstrom an die Elektroden, wandert das ionisierte geruchlose Chlor zur Anode, gibt sein Elektron ab und verwandelt sich dadurch in das grüne, giftige, stechend riechende Chlorgas. An dieser Verwandlung sieht man deutlich, dass für die chemischen Eigenschaften nicht die Atomkerne verantwortlich sind (sie sind beim Ion die gleichen wie beim kompletten Molekül), sondern ausschließlich die Elektronen der äußeren Hülle. Das Natriumion wandert zur Kathode und neutralisiert dort seine Ladung.

Da bei dieser Elektrolyse auch noch Wasserstoff und Natronlauge entstehen und somit die Gefahr einer Chlorknallgasreaktion, trennt man den Kathoden- und Anodenraum durch eine Membran, die Ionen zwar durchlässt, nicht jedoch die nichtionisierten Anteile von Wasserstoff und Natronlauge. Solche Membranen werden uns bei der Brennstoffzelle wieder begegnen.

Michael Faraday war ein Genie, Einstein vergleichbar. Beide gehören zu den Menschen, die in der Lage sind, kindliche Neugier – eine Art kreative Naivität – ins Erwachsensein hinüberzuretten, können gewissermaßen phantastisch unlogisch denken. Ihre Phantasie behält ein Inseldasein im Ozean der Vernunft und bringt so verrückte, jedoch richtige Ideen zum Blühen. 1791 als Sohn eines armen Hufschmieds geboren, wurde Faraday zunächst Buchbinderlehrling, dann 1813 Laborgehilfe von H. Davy an der Royal Institution of London. Davy bezeichnete ihn später als seine größte Entdeckung. Und wirklich, mit seinen Ideen begann ein neues Zeitalter.

Faraday glaubte an die Umkehrbarkeit aller physikalischen Prozesse. Dadurch wurde er zum Entdecker der elektrodynamischen Phänomene und so zum Begründer jener gewaltigen Entwicklung, die wir als Siegeszug der Elektrotechnik bezeichnen können. Einmal legte Faraday ein Kabel durch die Themse und versuchte – leider vergeblich, da sein Instrument zu unempfindlich war –, eine von ihm durch das Vorbeistreichen des Wassers erzeugte vermutete Spannung zu messen. Ganz nebenbei war ihm die Erfindung eines der modernsten Generatortypen gelungen. 1821 ließ Faraday einen beweglichen Magneten um einen festen, stromdurchflossenen Leiter kreisen. Der Elektromotor war geboren. Auch die Umkehrung gelang nach vielen Versuchen. 1831 wies Faraday nach, dass man einen elektrischen Dauerstrom erzeugen konnte, wenn man eine Metallscheibe zwischen den beiden Polen eines Hufeisenmagneten rotieren ließ. Diese Stromquelle war technisch bedeutend besser zu beherrschen als die elektrochemischen Elemente. Nun ließen sich hohe Ströme und hohe Spannungen zugleich erzeugen, der Dynamo bzw. ein Generator war entstanden. Die Folgen der beiden Entdeckungen waren gewaltig. Generatoren und Elektromotoren ermöglichten die industrielle Revolution. In Verbindung mit Dampfmaschine und mit Wasserkraft führten sie zur elektrischen Straßenbeleuchtung, zu gewaltigen Kränen, zu Wasserkraftwerken, Hochöfen, Schweißtechniken.

Die elektrochemische Phase, obwohl auch von Faradays Untersuchungen zur Elektrolyse wissenschaftlich aufgewertet, wurde in der praktischen Anwendung zum Randphänomen, das allenfalls Galvaniseure nutzten. Auch die Brennstoffzelle hatte nun keine Chance mehr, denn die im Sinne des Wortes ungeheure Dynamik der Elektrodynamik fegte alle vorherigen Technologien hinweg.

Gegen Ende des 19. Jahrhunderts begann die vierte Phase der »elektrischen Zeit«. Diesmal ging es nicht um Kraft, um Überwindung von Trägheit, um Licht und Bewegung, diesmal ging es um Information, um Nachrichtenübermittlung und Informationsverarbeitung. 1895 erfand Guiglielmo Marconi die geerdete Sendeantenne, durch die die drahtlose Signalübermittlung möglich wurde. Eine neue Lawine kam ins Rollen, die uns das Fernsehen, das Handy und den Computer bescherte, jene drei Zauberlehrlinge, die uns das Leben heute zugleich erleichtern und erschweren, die uns helfen und uns tyrannisieren. Doch diese Phase hat nun wirklich nicht mehr viel mit unserem Thema zu tun. Nein, das stimmt nicht ganz. Moderne Brennstoffzellenstacks benötigen genauso wie moderne Autos eine komplexe elektronische Steuerung. Doch davon später. Unser Vorwissen ist jetzt jedenfalls groß genug, um die Bausteine einer auf Wasserstofftechnologie aufgebauten Energiewelt einschließlich der mit ihr verbundenen Probleme und Chancen zu begreifen.

Die Wasserstofftechnologie

In Jules Vernes 1874 erschienenem Roman ›Die geheimnisvolle Insel‹ findet sich folgender prophetischer Dialog: »Was werden wir später einmal statt Kohle verbrennen?«, fragte der Seemann. Smith antwortete: »Ich glaube, dass Wasser eines Tages als Brennstoff verwendet werden wird, dass Wasserstoff und Sauerstoff, entweder zusammen oder getrennt verwendet, eine unerschöpfliche Quelle von Wärme und Licht sein werden, und zwar von einer Intensität, zu der Kohle überhaupt nicht in der Lage ist. Eines Tages werden die Kohlebunker der Dampfer und die Tender der Lokomotiven statt Kohle diese beiden Gase in komprimierter Form speichern, und sie werden in deren Schloten mit enormer Wärmeentwicklung verbrennen. … Wasser ist die Kohle der Zukunft.«

Was der Sciencefiction-Autor Verne im umnebelten Blick seiner Phantasie gehabt hat, war sicherlich nicht die heutige Wasserstofftechnologie. Doch gab es im 19. Jahrhundert bereits einige Anzeichen dafür, dass man die damals längst bekannte, explosionsartige Knallgasreaktion zwischen zwei Teilen Wasserstoff und einem Teil Sauerstoff zu Wasser einst würde zähmen und als Energiequelle nutzen können. 1771 entdeckte der englische Theologe und Naturforscher Joseph Priestley das Gas Sauerstoff. Dies war ein wichtiger Schritt, um die längst bekannte berüchtigte Knallgasreaktion zwischen Wasserstoff und Sauerstoff besser zu verstehen.

1774 erkannte Lavoisier die Bedeutung dieses Elements für die Atmung, aber auch für die Bildung von Säure. Fünfzig Jahre vorher hatte der englische Ingenieur Drummond das »Drummond'sche Kalklicht« erfunden: Eine Knallgasflamme dreht sich in einem Kalkzylinder, der so stark glüht, dass er blendend weißes Licht verströmt. Eine andere Anwendung war das Knallgasgebläse, das Temperaturen von 2000 Grad erzeugt und sich zum Schweißen von Stahl verwenden lässt. Auch sanftere Nutzungen von Wasserstoff gab es, so zum Beispiel das Döbereiner'sche Feuerzeug.

Döbereiner war 1810 Professor für Chemie in Jena, er beriet in chemischen Fragen keinen Geringeren als Goethe. Döbereiner entdeckte, dass der normalerweise erst bei 640 Grad entflammbare Wasserstoff sich in der Nähe von fein verteiltem Platin bereits bei Zimmertemperatur entzünden ließ. Man brauchte also keine offene Flamme, um ein Wasserstoff-Sauerstoff-Gemisch zur Reaktion zu bringen. Um eine Flamme zu bilden, reichte es, Wasserstoffgas zu erzeugen, indem man Zink in Schwefelsäure tauchte und anschließend zu einem Platinschwämmchen leitete: das Döbereiner'sche Feuerzeug. Eine wunderbare Entdeckung, denn hier wurde zum ersten Mal deutlich, was katalytische Reaktionen vermögen.

Auch in der heutigen Diskussion der Wasserstofftechnologien stehen diese wieder im Zentrum. So wie im Leben nichts ohne Enzyme geht, geht im Anorganischen nichts ohne Katalyse. Selbst die Kernfusion, der größte und fernste Hoffnungsträger menschlicher Energieträume, wird nicht ohne Katalyse gelingen.

Das Döbereiner'sche Feuerzeug war tatsächlich so etwas wie der Vorläufer der Brennstoffzelle. Natürlich war dies ein höchst kompliziertes und teures Gerät, das sich nur die Reichen leisten konnten. Es kam daher bald aus der Mode, vor allem, als das Streichholz erfunden und seit 1832 in Deutschland fabrikmäßig hergestellt wurde. Zündhölzer aus weißem oder gelbem Phosphor waren zwar giftig, jedoch höchst praktisch in der Hosentasche mitzunehmen. Man konnte sie an den Schuhsohlen anreißen oder am Mast der Straßenlaterne. Wie viele Liebesaffären ließen sich mit einem aufflammenden Zündholz einleitend beleuchten, wohingegen das Döbereiner'sche Feuerzeug oft genug in erotischen Szenen versagte!

Technologisch gesehen war das Zündholz ein Rückschritt. Es setzte sich durch, weil es billig und die bessere Technologie noch nicht ausgereift war. Ähnliches sehen wir heute beim Vergleich von Benzin und Wasserstoff, zwischen Ottomotor und Brennstoffzelle als Konkurrenztechnologie beim Autoantrieb. Der Fortschritt verläuft offenbar nie geradlinig. Er hat eher den Gang eines Betrunkenen, der nur langsam vorankommt, weil er in alle Richtungen taumelt, jedoch mit einigem Glück insgesamt mehr in die richtige als in die falsche. So ist die Situation auch derzeit. Die Prophetie Jules Vernes bestand darin, dass er zwar hellhörig und informiert war, die Dinge jedoch falsch einschätzte.

Vielleicht ist das Talent, Verhältnisse falsch einzuschätzen, sogar eine Grundbedingung für Prophetie. Einige Jahre vor dem Erscheinen der ›Geheimnisvollen Insel‹ war in Texas die industrielle Förderung von Erdöl in Gang gekommen. Obwohl in nahezu allen Bereichen der Naturwissenschaften und der Technik die Entwicklung seit der zweiten Hälfte des 19. Jahrhunderts bis heute rasant verlief und daher viele Prophezeiungen Vernes längst von der Wirklichkeit überholt wurden, ist in diesem Fall seine Prophezeiung immer noch prophetisch.

Was die von den Menschen so geliebte Religion der Fortbewegung anbelangt, leben wir noch im 19. Jahrhundert, weil immer noch die scheinbar so billigen Brennstoffe, Erdöl und Erdgas, die Mutter Natur den Menschen vermeintlich kostenlos schenkt, an die Pferdestärken der Otto- und Dieselmotoren verfüttert werden – mit ziemlich problematischen Folgen übrigens, wie wir noch sehen werden. Die Menschen lieben es offensichtlich nun einmal, sich wie Lemminge zu verhalten.

Eine Technologie ist ein System mit vielen Komponenten. Folgende sind entscheidend bei der Beurteilung ihrer Effektivität: der Gesamtwirkungsgrad des Systems, die Nebenwirkungen, die Sicherheit, der Aufbau einer Infrastruktur der Versorgung einschließlich deren Speichermöglichkeiten und nicht zuletzt die Kosten des Systems, seiner Entwicklung und seiner

Betreibung bzw. Nutzung auf Seiten der Konsumenten. Wichtig für die Wirtschaftlichkeit eines technologischen Systems ist auf der Motoren-Energieträger-Seite die Leistungsdichte. Sie kann auf das Volumen oder auf das Gewicht des Systems bezogen werden. Hier erreichen die heutigen, technisch sehr ausgereiften Otto- und Dieselmotoren Werte um ein Kilowatt pro Kilogramm (kW/kg). Dies erreichen Brennstoffzellen inklusive des Elektromotors noch nicht. Fortschritte sind jedoch zu erwarten. Beispiel: Die Eigenschaften des »Elektrolyts«, der »PEM-Folie« (was das ist, wird ab Seite 99 ausführlich erläutert), werden zunehmend besser.

Auch die Reduktion der nötigen Menge des Katalysators (teures Edelmetall) macht Fortschritte. Die für PKW üblichen Anforderungen an den Dauerbetrieb (5000 bis 6000 Stunden) werden bereits erreicht. Und was den Wirkungsgrad anbelangt, sind die Brennstoffzellensysteme den fossilen Systemen jetzt schon überlegen.

Fragen wir also noch einmal, wie weit die Uhrgewichte der menschlichen Energieuhr bereits abgelaufen sind. Hier gibt es unterschiedliche Schätzungen. Sie hängen von der Situation der fossilen Energiereserven ab, von der Schätzung der Bevölkerungsentwicklung und von der Höhe und Entwicklung des Energieverbrauchs pro Kopf. Dabei gibt es noch Spielräume: Erhöhung des Wirkungsgrads, Senkung der Energieverluste. Stichwort: Drei-Liter-Auto bzw. Ein-Liter-Auto und Wärmeisolation von Bauwerken. Einmütig sind aber alle Experten der Meinung, dass trotz Verlangsamung des Absinkens der Uhrwerke irgendwann der »Boden« der fossilen Energievorkommen erreicht ist. Und auf ein neues Aufziehen der Uhr durch Sonnenlicht und Chlorophyll und Zellulosebildung kann man nicht warten, denn das würde Millionen von Jahren dauern.

Also wird man notwendigerweise eine neue Energieversorgungsstruktur, neue sekundäre Energieträger flächendeckend einführen müssen. Und hier steht die Wasserstofftechnologie aus verschiedenen Gründen als Hoffnungsträger in der vordersten Reihe.

Wiederholen wir: Wasserstoff ist keine »Energie«, es ist ein Energieträger der Währung »chemische Energie«. Er dient der Speicherung und dem Transport von sekundärer oder tertiärer Energie: von sekundärer Energie dann, wenn er unmittelbar aus der primären Energie Sonnenlicht über den Zwischenweg der Elektrolyse gewonnen wird. (Streng genommen ist das Sonnenlicht bereits ein sekundärer Energieträger und seine Quelle, die Kernfusion im Inneren der Sonne, die eigentliche primäre Energie, aber lassen wir solche Sophisterei.) Von tertiärer Energie dann, wenn Wasserstoff über den Zwischenweg der Elektrolyse aus Energieträgern gewonnen wird, die wie die Gezeiten oder die Windkraft oder die Biomasse durch deren Vergasung selbst Produkte der Sonneneinstrahlung sind.

Die Erzeugung von Wasserstoff entspricht dem Aufziehen der Standuhr. Es trägt in sich eine enorme potenzielle Energie, die entweder in heißer Verbrennung in konventionellen Motoren (Knallgasmotoren) und Turbinen oder in kalter Verbrennung in Brennstoffzellen über eine Umwandlung in Strom in kinetische Energie umgewandelt wird.

Wenden wir das Uhrenmodell auf einen Ottomotor an. Wie wir bereits wissen, handelt es sich bei ihm um einen thermischen Energiewandler. Auch hier gibt es Energie der Lage, potenzielle Energie. Es ist die in den Atomhüllen, den Elektrobahnen gespeicherte Energie eines leicht siedenden Kohlenwasserstoffs. Er wird aus organischen Materialien, aus pflanzlichen Friedhöfen sozusagen, aus Kohle, vor allem aber aus Erdöl und Erdgas gewonnen. Das Chlorophyll ist hier der Energiespeicher. Pflanzen haben vor Millionen von Jahren Sonnenlicht absorbiert, die Sonne ist also vergleichbar mit dem Besitzer der Standuhr, der sie aufgezogen hat. Millionen von Jahren wurde diese aufgezogene Uhr in Ruhe gelassen, die Uhrgewichte blieben oben, die Elektronen in den Bahnen der Kohlenwasserstoffe. Dies ist der Tatsache einer anaeroben Existenz der Öllager zu verdanken, das heißt, sie liegen schwer zugänglich tief in der Erde unter Luftabschluss.

Dieses gewaltige Sonnenuhrwerk wird in Gang gesetzt, wenn man Erdöl fördert, das leicht flüchtige Benzin daraus gewinnt (bzw. Dieselöl), es mit Sauerstoff zusammenbringt und als hoch explosives Gasgemisch zündet. Dann leistet die in unendlich mühseliger langwieriger Arbeit aufgezogene Sonnenuhr aus biologischen Solarzellen blitzartig kinetische Energie. Dieses Uhrwerk verfügt über keine Hemmung. Damit der Motor nicht auseinander fliegt, muss ein Vergaser oder eine Einspritzpumpe dafür sorgen, dass die Explosionen dosiert und regelmäßig und beherrschbar erfolgen und so die Motorkolben in den Zylindern gleichmäßig angetrieben werden. Auch hier gibt es wieder die berühmten Reibungsverluste, die den Wirkungsgrad reduzieren. Und besagter Carnotprozess tut ein Übriges. Nur ein bestimmter Bruchteil der im Benzin gespeicherten potenziellen, chemisch verwandelten Sonnenenergie wird in kinetische Energie umgesetzt.

Vieles geht als diffuse Erwärmung verloren, Erwärmung des Motorblocks, Wärme, die den thermischen Energiewandler Auto durch den Auspuff verlässt, Erwärmung der Straßendecke durch die Reibung der Reifen. Eine Wasserstofftechnologie tritt an, um diesen Raubbau an der Natur zu beenden. Sie hat zurzeit noch schlechte Karten, da keine entsprechende Infrastruktur existiert. Außerdem wird sie ideologisiert als ein Lieblingsthema der Ökologen. Aber es gibt auch sachliche Probleme, vor allem das einer ökonomisch günstigen Erzeugung von Wasserstoff. Betrachten wir zunächst diesen Punkt.

Die verschiedenen Verfahren zur Erzeugung von Wasserstoff

Voraussetzung für eine funktionierende Wasserstoffwirtschaft ist die kostengünstige Herstellung von Wasserstoff. Wasserstoff ist wegen seines simplen atomaren Aufbaus ein außerordentlich vielseitig reagierendes Element und findet sich daher in vielen Verbindungen auf der Erde, unter anderem auch in den zahllosen Kohlenwasserstoffen, die die Grundsubstanz der organischen Welt bilden. Man kann Wasserstoff aus praktisch jeder chemischen Verbindung, die ihn enthält, wieder herausholen, unter Einsatz allerdings von mehr oder weniger Energie.

Eine Wasserstoffdarstellung, die völlig ohne Energiezufuhr läuft, haben wir bereits erwähnt: die aus Metall plus Säure bzw. Lauge. Sie macht allerdings nur in Laboratorien Sinn, wo ausschließlich kleine Mengen Wasserstoff erzeugt werden sollen. Am praktikabelsten erweist sich die Reaktion von Zink (Zn) mit verdünnter Salz- oder Schwefelsäure, wobei schon bei Zimmertemperatur Wasserstoff neben Wasser freigesetzt wird. Es ist auch möglich, Wasser zu zerlegen, indem man es mit rot glühendem Eisen zusammenbringt. (Rotglut entspricht einer Temperatur von 500 bis 800 Grad.)

Für die industrielle Herstellung von Wasserstoff müssen andere Methoden herhalten. Die älteste von ihnen ist die Vergasung von Kohle. Bei dieser Methode wie bei vielen anderen geht es darum, Wasser in seine elementaren Bestandteile dadurch zu zerlegen, dass man dem im Wasser enthaltenen Sauerstoff Kohlenstoff als attraktiveren Lebenspartner anbietet und so die erwähnte »menage à trois« zerstört (Wasserreduktion). Man kann als Kohlenstoffträger Braunkohle, Kokskohle, aber auch andere Kohlenwasserstoffe wie Erdöl oder Erdgas verwenden. Um die beabsichtigte Attraktivität des Kohlenstoffs zu erreichen, genügt es, ihn zu erhitzen, als Kohle auf über 400 Grad, bei manchen Verfahren auch bis über 1000 Grad. Bei der Vergasung werden dreißig bis vierzig Prozent der Kohle zu

Kohlendioxid umgesetzt und dadurch die Spaltungsenergie aufgebracht, die nötig ist, Wasser zu Wasserstoff zu reduzieren (merke: Reduktion heißt in der Chemie Sauerstoffentzug und ist das Gegenteil von Oxidation).

Grundsätzlich können Kohlenwasserstoffe zur Wasserstoffgewinnung nur durch Energiezufuhr – entweder in thermischer oder chemischer Währung – aufgespalten werden. Von neuerdings wieder zunehmender Bedeutung ist auch die Spaltung von Wasser, indem man es in Dampfform über hellrot glühenden Koks leitet. Hierbei entsteht Kohlenmonoxid plus Wasserstoff, so genanntes Wassergas oder Synthesegas. Der Energiebedarf dieser endothermen Reaktion wird durch die Teilverbrennung der Kohle gedeckt. Um dies zu erreichen, schickt man ein Gemisch von Sauerstoff und Wasserdampf über die Kohle oder abwechselnd Luft (Heißblasen) und Wasserdampf (Kaltblasen). Um das hoch giftige Kohlenmonoxid zu entfernen, oxidiert man es durch weiteren Wasserdampf, wobei erneut Wasserstoff entsteht.

Eine andere Form der thermischen Kohlenwasserstoffspaltung ist die Verkokung von gelb bis weiß glühender Steinkohle unter Luftausschluss. Dabei entstehen Koks, Teer und Kokereigas, das zu zwei Dritteln aus Wasserstoff und einem Drittel aus Methan besteht. Das Wasserstoffgas lässt sich durch fraktionierende, das heißt unterbrochene und wiederholte Destillation abtrennen. Auch Erdöl lässt sich durch hohes Erhitzen aufspalten, »cracken«, wobei Ruß und Wasserstoff entstehen.

Die chemische Kohlenwasserstoffspaltung ist eine Kombination der thermischen mit einer Oxidation des frisch erzeugten Kohlenstoffs durch Sauerstoff, der dem Wasser entnommen wird und somit freien Wasserstoff zurücklässt. Als Ausgangsstoff eignet sich vor allem Methan. Als Endprodukt ergibt sich eine Mischung aus Wasserstoff und Kohlenmonoxid, das so genannte Spaltgas. Das Kohlenmonoxid wird anschließend zu Kohlendioxid konvertiert. Hierbei kommen Katalysatoren (Nickel) zum Einsatz, die die Temperatur, bei der die Reaktion erfolgt, praktisch halbieren. Diese Methode ist unter dem Begriff Steamreforming bekannt.

Bis heute stellt die Reduktion von Wasser durch Kohle oder Erdölvergasung die billigste und effektivste Form der Wasserstofferzeugung dar. Allerdings gibt es zwei Nachteile: das Entstehen großer Mengen vom Treibhausgas (CO_2) und die Verunreinigung des Wasserstoffs mit Methan, Schwefelverbindungen, Stickstoff und Teeren. Allesamt sind sie neben der gesundheitsschädigenden Wirkung auch Katalysatorengifte, denn sie verstopfen dessen raue Oberfläche, glätten sie und machen sie dadurch wirkungslos. Deshalb sind aufwändige Reinigungsprozeduren nötig.

All diese bisher genannten Herstellungstechniken führen nie zu wirklich reinem Wasserstoff. Hierin erweist sich die Elektrolyse als deutlich überlegen.

Will man Wasserstoff direkt aus Wasser gewinnen, bieten sich wiederum verschiedene Methoden an. Leider extrem energieaufwändig ist die direkte thermische Spaltung (Thermolyse). Bei ihr werden durch extreme Hitze die Schwingungen der Valenzelektronen des Wassers dermaßen verstärkt, dass die Wasserstoffmoleküle sozusagen zerplatzen. Dies ist zwar eine saubere Methode, das heißt, es werden kaum schädliche Nebenprodukte erzeugt. Doch da sie erst bei 4000 Grad effektiv wird, ergeben sich technische Probleme. Zum Beispiel müssen die Wandmaterialien solchen Extremtemperaturen überhaupt gewachsen sein. Außerdem muss für eine schnelle Trennung von Wasserstoff und Sauerstoff gesorgt werden, damit sie sich nicht sofort wieder zusammenschließen. Dafür muss der heiße Wasserstoff durch Abschrecken abgekühlt werden, was den Wirkungsgrad solcher Anlagen senkt.

Eine andere Möglichkeit bietet die Wasserzersetzung durch Sonnenlicht (Photolyse). Hier lassen sich drei Verfahren unterscheiden: die photobiologische Methode, die photochemische Methode, die photoelektrochemische Methode. Allen drei Verfahren ist der äußerst niedrige Wirkungsgrad von circa einem

Prozent gemeinsam. Bei allen von ihnen wird die Zersetzung von Wasser durch kleine Wirkungseinheiten wie Algen, Bakterien oder bestimmte Moleküle geleistet. Es ist ein langsamer, leiser Weg, der ohne Verschleißteile, Druckkessel, Motoren auskommt. Daher ist er sehr wartungs- und umweltfreundlich. Dies wiegt den Nachteil des kleinen Wirkungsgrades wieder auf und erlaubt flächenmäßig sehr große solcher Energiewandler zu installieren: so genannte Sonnenfarmen. Da die Sonneneinstrahlung kostenlos ist und da die vom Erdboden täglich absorbierte Sonnenenergie dem 3000-Fachen des täglichen Energieverbrauchs der Menschheit entspricht, ist dieser Weg durchaus gangbar. Selbst wenn man die regional großen Unterschiede einer Sonnenernte in Rechnung stellt – für Texas, die Pyrenäen oder Jerusalem beträgt sie 2000 Kilowattstunden pro Quadratmeter und Jahr, für London oder Hamburg nur 800 –, könnte sich durch Verbesserung des Wirkungsgrades biologischer oder photoelektrischer Wandler ihr Einsatz auch in nördlichen Breiten lohnen.

Materie hat zwei Möglichkeiten, auf einstrahlendes Sonnenlicht zu reagieren. Entweder sie erwärmt sich, das heißt, die Energie des absorbierten Lichtes wird in Molekularbewegungen des absorbierenden Materials verwandelt. Oder aber dessen Moleküle »verdauen« die eingestrahlte Energie, indem sie sie intern an ihre Elektronen abgeben, die dadurch eine höhere Umlaufbahn einschlagen, das heißt, die innere Energie des Materials steigt. Diese zweite mögliche Reaktion eröffnet einen neuen Weg der Energiespeicherung. Denn anders als die inkohärente Molekularbewegung der Erwärmung, die schnell an die Umgebung abfließt – selbst die beste Thermoskanne versagt nach einigen Stunden –, sind die vom Licht angeregten Elektronen Langzeitspeicher, echte Energiezwischenlager, die verlustfrei arbeiten, bis die Natur sie in chemische Energie umwandelt.

Genau dies geschieht bei der Photosynthese. Chlorophyll ist der Stoff, in dem der erste Schritt erfolgt: Umwandlung der

Lichtenergie in innere Energie. Diese nutzt die Pflanze zur Synthese von Kohlenwasserstoffen, die ihr als Baumaterial beim Wachstum dienen. Den Kohlenstoff holt sich die Pflanze aus dem in der Atmosphäre vorhandenen Kohlendioxid, den Wasserstoff bezieht sie aus dem über ihre Wurzeln angesaugten Wasser. Dem völlig geräuschlos und schadstofffrei arbeitenden gewaltigen Labor der irdischen Flora verdanken wir unsere Biosphäre.

Der Energie- und Stoffumsatz dieser globalen Fabrik entzieht der Lufthülle jährlich rund hundert Milliarden Tonnen Kohlenstoff, was dem Hundertfachen der Weltkohleförderung entspricht. Zugleich setzt die pflanzliche Photolyse den Sauerstoff frei, ohne den es auf der Erde kein tierisches Leben gäbe, denn Tiere brauchen Sauerstoff als Oxidationsmittel für ihren Energiehaushalt.

Der Wasserstoff bleibt als der Hauptenergiefaktor im Kohlenwasserstoff der Pflanzen, der Biomasse gebunden. Von hier aus führt der Weg zu den fossilen Energieträgern Kohle, Erdöl und Erdgas. Da dieser Weg jedoch sehr lang ist und die Natur einige Millionen Jahre brauchte, um ihn zu durchschreiten, müssen wir Menschen bei der photobiologischen Methode andere Wege suchen. Dabei bieten sich zwei unterschiedliche Techniken an: Entweder man lässt geeignete Organismen in großen Energiefarmen für sich arbeiten, oder man versucht, die Technik der Photosynthese direkt zu imitieren. Dabei geht es vor allem darum, die perfekten Membrantechniken der Pflanzen künstlich zu imitieren. Membrane dienen Pflanzen als »Lichtempfänger«. Sie verhindern ähnlich wie Elektrolyte Rückreaktionen, das heißt den vorzeitigen Kurzschluss zwischen den Energiepotenzialen, die die Photosynthese aufrechterhalten. Membrane sind also so etwas wie Elektronenpumpen, die die als Energiezwischenspeicher fungierenden angeregten Elektronen zu den Syntheseplätzen weiterleiten. Sie künstlich nachzumachen ist eine wohl bis heute nicht wirklich gelungene Aufgabe.

Einfacher hat es da die weniger elegante Methode, eine Energiefarm zu etablieren. Das Hauptproblem besteht darin, dass Pflanzen den Wasserstoff nicht direkt produzieren, sondern ihn gewissermaßen in den Tresor einer Kohlenwasserstoffverbindung stecken. Wenn wir Holz oder Kohle verbrennen, dann knacken wir mit Hilfe eines exothermen Prozesses diesen Tresor unter Freigabe von Kohlenmono- und -dioxid. Eine Energiefarm sollte diesen Umweg über eine Kohlenstoff-Wasserstoff-Verbindung vermeiden.

Dazu dienen geeignete Fermente, die die Funktion des Chlorophylls übernehmen. Außerdem braucht man Nährflüssigkeiten, in denen Pflanzen, Algen oder Bakterien ihre Photolyse abwickeln. Hier eignen sich unter anderem Abfälle aus der Zuckerrübenverwertung oder aus Molkereien wie Molke oder Joghurtabfälle, aber auch reine Stoffe wie Lactate und Malate. Bei Versuchen in der Schweiz haben Purpurbakterien in Lactaten die besten Ergebnisse geliefert. In Kleinfermentern von einem Liter Fassungsvermögen entstanden in der Stunde bis zu 150 Kubikzentimeter Wasserstoff bei einer optimalen Arbeitstemperatur von dreißig Grad. Zusätzlich entsteht dabei durch die Vermehrung der Bakterien noch Biomasse, die man ebenfalls zur Wasserstoffgewinnung verwenden könnte. Hauptübel der Methode ist das schnelle Abklingen der Wirkung. Oft hört die Wasserstoffproduktion schon nach wenigen Tagen auf.

Die primitivste Form der »energy farm« wäre es, auf eine direkte Produktion von Wasserstoff zu verzichten und lieber geeignete Pflanzen wie Zuckerrohr, Mais oder Sojabohnen einfach wuchern zu lassen und anschließend aus der so entstandenen Biomasse durch Fäulnis (Fermentation) Methan und andere Brenngase zu gewinnen, aus denen sich Wasserstoff abspalten lässt.

Als zweiten Weg hatten wir die photochemische Methode genannt. Hierbei werden statt Pflanzen, Algen oder anderen Lebewesen anorganische Absorber verwendet, in denen Lichtquanten ihre kinetische Energie in potenzielle Energie umwandeln. Sie ist der vorübergehende Energiespeicher, aus dem das System die Energie für eine anschließende Wasserstofferzeugung durch Spaltung von Wassermolekülen schöpft. Statt Chlorophyll kommen elektrolytisch gelöste Metallionen in Frage. Sie müssen dem Elektrolyt eine Farbe geben, um dadurch eine Photonenabsorption überhaupt erst zu ermöglichen. Kobaltsalze, Flavine sind hierzu geeignet. Der Prozess benötigt außerdem teure Katalysatoren wie Platin und das ihm verwandte Element Ruthenium, um Wasserstoff und Sauerstoff durch spezifische Katalysatorwirkung getrennt auffangen zu können. Der Wirkungsgrad ist im Übrigen ähnlich klein wie bei der photobiologischen Methode.

Ein dritter Weg wäre die photoelektrochemische Methode. Sie ist der Solarzellentechnik eng verwandt. Auch bei ihr geht es um die Umwandlung der kinetischen Energie von aus dem Weltraum eintreffenden Lichtquanten in ein Energiereservoir, das zur anschließenden Spaltung von Wasser dienen kann. Prinzip dieser Methode ist die Kopplung eines Halbleiters (Photozelle) mit einem Elektrolyten. Diese technische Kombination von Fotozelle mit einem Elektrolysebad bringt allerdings Korrosionsprobleme mit sich. Außerdem ist der theoretisch mögliche Wirkungsgrad von 24 Prozent noch längst nicht erreicht.

Der Vollständigkeit halber sei noch die photogalvanische Methode erwähnt. Bei ihr werden zwei Elektroden in eine elektrisch leitende Flüssigkeit getaucht, die zusätzlich mit einem Farbstoff als Absorber versetzt wurde. Beleuchtet man nun eine der Elektroden, lässt sich eine geringe galvanische Spannung und ein entsprechender kleiner Stromfluss zwischen ihr und der anderen Elektrode feststellen, der zur elektrolytischen Erzeugung von Wasserstoff dienen könnte. Der Wirkungsgrad dieser Methode ist noch um den Faktor 100 000 geringer als der einer festen Solarzelle.

All diese »stillen Methoden« der Wasserstoffdarstellung sind noch nicht effektiv genug, um eine Rolle in einer zukünftigen

Wasserstofftechnologie zu spielen. Dennoch sind hier Fortschritte nicht auszuschließen, vor allem im Bereich halbdurchlässiger Membranen, die die biologische Photosynthese kopieren.

Wir kommen nun zum interessantesten Verfahren der Wasserstofferzeugung, zur Elektrolyse. Als die Flachbatterie mit ihren beiden verschieden langen Metalllaschen noch der gebräuchlichste Batterietyp war, konnte jedes Kind seine sinnliche Erfahrung mit dieser Methode machen. Wenn man die beiden Laschen gleichzeitig mit der Zunge berührte, entstand ein säuerlicher Geschmack: die Folge einer elektrolytischen Reaktion im Speichel. Die Wasserelektrolyse wird in einer zukünftigen Wasserstoffwirtschaft zweifellos eine dominierende Rolle spielen, obwohl das Verfahren auf Grund der erwähnten starken inneren Bindung von Wasser sehr viel Energie benötigt. Immerhin braucht man zur Erzeugung von einem Kubikmeter Elektrolysewasserstoff rund fünf Kilowattstunden.

Wir haben bereits erklärt, wie Elektrolyse funktioniert: Es ist eine Form der chemischen Leitung in Verbindung mit einer stofflichen Veränderung des Leiters. Elektrolyte sind Leiter zweiter Klasse im Gegensatz zu Metallen, Leitern erster Klasse, bei denen keine stoffliche Veränderung stattfindet. Damit Wasser elektrolytisch zerlegt werden kann, muss es elektrisch leitend gemacht werden, dies geschieht durch Zusetzen einer Säure oder Base. Taucht man zwei Elektroden, möglichst aus Platin, damit sie sich nicht zersetzen, in dieses Elektrolyt und legt man eine Spannung an, fließt ein Strom. Ist es eine Gleichspannung, entsteht an der positiven Elektrode, der Anode, Sauerstoff in Form kleiner Bläschen, an der negativen Elektrode, der Kathode, Wasserstoff.

Bei der Scheidung büßt das Wasserstoffatom sein Elektron an den Sauerstoff ein. Es ist also positiv geladen und wandert deshalb zur Kathode, wo Elektronenüberschuss herrscht. Dort ergänzt es sein fehlendes Elektron wieder und steigt als Wasserstoffbläschen auf. Das Sauerstoffatom kann auf Grund seiner inkompletten, nur sechs Elektronen enthaltenen äußeren Hülle zwei Elektronen zusätzlich aufnehmen. Es ist also negativ ionisiert und wandert dementsprechend zur Anode, wo Elektronenmangel herrscht. Dort gibt es seine beiden überschüssigen Elektronen ab und steigt als normales, nicht ionisiertes Gas auf.

Direkt über den beiden Elektroden entstehen also beide Gase, und zwar in sehr reiner Form und immer im Massenverhältnis Sauerstoff : Wasserstoff = 7,936 : 1. (So viel schwerer ist Sauerstoff verglichen mit Wasserstoff!) Dieses Verhältnis ändert sich nie, auch nicht, wenn man die Stromstärke ändert oder den Druck oder die Temperatur. Das gilt übrigens auch für die Umkehrung der Reaktion, die Knallgasvereinigung von H und O zu H_2O. Auch hier haben wir immer das gleiche Massenverhältnis. Überschüssiger Sauerstoff oder Wasserstoff bleiben jeweils zurück. Dieses Gesetz der konstanten Proportionen wurde 1799 vom französischen Chemiker Joseph Louis Proust entdeckt. Die Menge der erzeugten Gase ist im Übrigen direkt proportional zur Dauer und Stärke des Stroms.

Sehen wir uns die technische Seite der Elektrolyse genauer an. Es gibt im Wesentlichen vier unterschiedliche Methoden mit unterschiedlichen Wirkungsgraden und unterschiedlichem technischem Aufwand:

– Die konventionelle Niederdruckelektrolyse. Wasser wird mit Kalilauge leitend gemacht und bei normalem Druck (Umgebungsdruck von einem Bar – der Druck der Atmosphäre in Bodennähe, ein Druck, bei dem wir atmen) und normaler Temperatur (zwanzig Grad) in elektrisch hintereinander geschalteten Flüssigkeitszellen zersetzt. Diese Methode hat den niedrigsten Wirkungsgrad: circa sechzig bis siebzig Prozent. Ein Problem sind die Gasbläschen, die dort, wo sie an den Elektroden haften, deren Oberfläche verkleinern und damit den Wirkungsgrad senken. Kritisch ist auch das Diaphragma, eine dünne Trennwand zwischen Kathode und Anode, die ionendurchlässig sein muss, um den Stromfluss zu ermöglichen, und zugleich gasundurchlässig, um zu verhindern, dass es zu einer Rekombination der freigesetzten Wasser- und Sauerstoffatome in Elektrolyten kommt. Auch sie senkt den Wirkungsgrad.

- Die konventionelle Mitteldruckelektrolyse. Sie arbeitet im Prinzip wie die Niederdruckelektrolyse, nur bei höherem Druck (zehn Bar) und höheren Temperaturen. Dadurch verkleinern sich die Gasbläschen und der Wirkungsgrad erhöht sich auf über siebzig Prozent, was Stromersparnis bedeutet. Problematisch ist allerdings die Abdichtung und Isolation des Gesamtsystems. Hier auftretende Verluste senken den Wirkungsgrad wieder.

- Die Feststoffelektrolyse. Bei ihr nimmt die Stelle des flüssigen Elektrolyts eine teflonartige Membran ein. Probleme, wie sie durch das Diaphragma entstehen, entfallen. Es wird mit reinem Wasser, ohne Zusatz von Kalilauge, gearbeitet. Der Wirkungsgrad steigt auf bis zu achtzig Prozent.

- Die Hochtemperatur-Dampfelektrolyse. Hier werden Hochdrucktemperaturzellen aus Keramik (zum Beispiel Zirkonoxid-Keramik) mit gasdurchlässiger Porenstruktur eingesetzt. Der Wirkungsgrad ist noch einmal höher, da die Wasserspaltung durch die thermischen Schwingungen der Wassermoleküle unterstützt wird und der Elektrizität Spaltungsarbeit abgenommen wird. Die elektrochemische Umwandlung von Elektrizität in Gas findet bei circa tausend Grad statt. Der Betriebsdruck beträgt bei diesem »HOTELLY-Verfahren« dreißig Bar. Ein Vorteil ist die Tatsache, dass die Anlage zugleich als Wandler und Speicher arbeitet. Eingeleitet wird in die Zelle reiner Wasserdampf. Bei der hohen Arbeitstemperatur verfügt die Keramik über eine hohe Leitfähigkeit für Sauerstoff-Ionen, die der von Kupfer für Elektronen entspricht. Der Gesamtenergieverbrauch der Anlage ist niedriger als bei konventionellen Elektrolyse-Verfahren. Ein Wirkungsgrad bis zu neunzig Prozent ist möglich. Eine Anlage dieser Art versorgt übrigens seit 1998 die H_2-Tankstelle am Münchener Flughafen.

Obwohl Elektrolyse das sicherlich eleganteste Verfahren darstellt und auch zum reinsten Endprodukt führt, spielt sie bislang kaum eine Rolle. Nur etwa vier Prozent des Wasserstoffs werden heute auf diese Weise hergestellt. Dies liegt vor allem an den hohen Stromkosten.

Wasserstoff entsteht im Übrigen schon jetzt ständig nebenbei, zum Beispiel bei der Erzeugung von Chlorgas. An bestimmten Standorten wie etwa im Rhein-Main-Gebiet fällt bei solchen Produktionen so viel Wasserstoff an, dass man davon rund eine halbe Million Autos, je nach Stärke und Verbrauch, betreiben könnte, wenn man sie mit Brennstoffzellen ausrüsten würde. Bislang wird das Beiprodukt H_2 dem Erdgas beigemischt zur Erzeugung von Prozesswärme, doch ließe es sich wesentlich sinnvoller durch primären Verbrauch einsetzen.

Transport und Speicherung von Wasserstoff

Es gibt keine Form der Energiewirtschaft ohne das heikle und teure Problem der Energieverteilung an den Konsumenten, mit anderen Worten: ohne die Faktoren Transport und Speicherung. Man gewinnt den Eindruck, dass in diesem Bereich die größte Problematik im Wechsel der Energiewirtschaft liegt. Daher ist hier auch die Trägheit und mangelnde Flexibilität der verantwortlich Handelnden am größten.

Was den Transport anbelangt, ist Strom die sauberste, handlichste und bei sachgemäßer Handhabung auch ungefährlichste Form. Doch ist sie letztlich veraltet und birgt große Nachteile. Das liegt zum Teil an den schlechten Wirkungsgraden der Verfahren, Strom zu erzeugen, mehr jedoch an den großen Unkosten und Verlusten, die ein Stromtransport über große Entfernungen mit sich bringt, abgesehen von der Verletzlichkeit von

Überlandleitungen gegenüber Anschlägen von Mensch und Natur und der Verschandelung der Landschaft durch Strommasten.

Es gehört Energie dazu, Elektronengas durch das Metallgitter eines Kupferdrahtes zu pumpen. Dabei entsteht Reibung. Die ihr entsprechende Energie erwärmt den Draht, und dieser gibt die chaotische Brown'sche Molekularbewegung seiner Kupferatome an die gewaltige Weltsenke ab, in der sie auf immer verschwindet.

Durch Hochspannung des Stroms lassen sich diese Verluste verringern. Dies ist einsehbar, denn die transportierte Energiemenge ist das Produkt aus Stromstärke und Spannung. Vergrößere ich die Spannung, verringert sich automatisch die Stromstärke. Das Elektronengas verdünnt sich sozusagen und die Reibung verringert sich im gleichen Maße.

Außerdem verlagert sich der Transport der Energie bei hohen Spannungen auf die Hülle des Drahtes und das sie umgebende Feld. Doch die Notwendigkeit, am Beginn und Ende einer Hochspannungsleitung den Strom hoch bzw. nieder zu spannen, sorgt wiederum für Verluste, die in den Spulen der Transformatoren entstehen. Auch sie werden heiß und füttern die Weltsenke. Hochspannungsleitungen lassen sich außerdem höchstens mit bis zu einer Million Volt betreiben. Bei höherer Spannung besteht die Gefahr unkontrollierter Entladung durch Koronabildung (Elmsfeuer).

Günstiger im elektrischen Verhalten und in den Materialkosten ist die Hochspannungsgleichstromübertragung (HGÜ), ein später Triumph übrigens der Edinson'schen Position im berühmt-berüchtigten Stromkrieg zwischen ihm und Westinghouse. Beide verbanden ihre Wirtschaftsimperien mit einer wie ein Glaubenskrieg geführten Debatte um die Vor- bzw. Nachteile von Gleich- und Wechselstrom. Westinghouse erkannte früh mit Hilfe seines Fachmannes, des genialen kroatischen Elektroingenieurs Nikola Tesla, die wirtschaftlichen Vorteile des Wechselstroms, die vor allem in der Möglichkeit der Transformierung und in einfacheren und verschleißfreieren Generatoren und Elektromotoren bestand.

Edison war Gleichstrommann und spannte seine größere Medienmacht und seinen legendären Ruhm als größter Erfinder aller Zeiten für seine Sache ein. Die durch ihn und seine Leute betriebene Verteufelungskampagne des Wechselstroms gipfelte in der Einführung des elektrischen Stuhls, der die Gefährlichkeit, ja Tödlichkeit von Wechselstrom demonstrieren sollte. Edison obsiegte zunächst, jedenfalls in Europa, denn die ersten großen Stromnetze in den Hauptstädten dieses Kontinents wurden als Gleichstromnetze verlegt.

Heute gibt es wieder Argumente für Gleichstrom-Überlandleitungen. Man braucht nur zwei Leiter, statt den dreien, die Drehstrom benötigt. Es gibt bei Gleichstrom keine Verluste durch Induktivität und Kapazität der Leitung. Doch werden diese Vorteile kompensiert durch die hohen Kosten der notwendigen Umformung von Drehstrom in Gleichstrom und wieder zurück in Drehstrom. Gleich- und Wechselrichter sind teuer und haben einen niedrigen Wirkungsgrad (so genannte Blindleistung).

Die Alternative Erdkabel ist ebenfalls teuer und hat den Nachteil, dass sie den Boden erwärmt. In Ballungszentren ist hier bereits ein Grad erreicht, dass man von einer Art Fußbodenheizung der mit Asphalt und Beton versiegelten Natur reden kann. Das entlastet zwar die Schneeräumer, belastet aber das Lebensklima in den Städten. Es gibt neuerdings Versuche, Supraleitung bei der Stromübertragung über weite Strecken einzusetzen. Verlustfreie Kabel wären ein großer Fortschritt, doch ist man hier noch im Stadium des Experiments.

Mit der Speicherung sieht es im Falle von elektrischem Strom fast noch schlechter aus. Es gibt nur die elektrochemische Speicherung in Batterien und Akkumulatoren. Solche Geräte sind schwer, unhandlich und haben eine begrenzte Lebensdauer von vier bis sechs Jahren. Auch die Verluste sind erheblich. Man muss mit einem Wirkungsgrad von höchstens sechzig Prozent rechnen. Blei- und Nickelcadmiumakkus haben eine geringe Speicherkapazität von nur dreißig bis vierzig Watt pro Stunde und Kilogramm Gewicht (Energiedichte). Auch wenn man mit neuartigen Akkumulatoren wie Natrium-Schwefel-Akkumulatoren eine dreimal höhere Energiedichte erreicht, wobei eine Reaktionstemperatur von 350 Grad nötig ist, wird die Speicherung von Elektrizität vermutlich auf die Anwendung bei Kleinverbrauchern beschränkt bleiben.

Viel günstiger sieht es im Falle von Wasserstoff aus, was Transport und Speicherung anbelangt. Betrachten wir zunächst den Transport. Den Prototyp für eine weltweite Versorgung mit Energie stellt der Energieträger Öl bzw. Erdgas dar, Pipelines und Tanker sind die klassischen Transportmittel. Mit den gleichen Mitteln ließe sich Wasserstoff vom Erzeuger zum Verbraucher bringen. Hierbei ließen sich beliebig große Distanzen überbrücken. Der weltweit größte Energiekunde New York bezieht sein wichtigstes Lebenselixier Erdgas zum Beispiel aus einer 2000 Kilometer langen Pipeline aus Texas. Erdgaspipelines würden sich auch als Wasserstoffpipelines eignen. Hierzu später noch einige Details.

Zunächst noch einmal ein kleiner Ausflug in physikalisches Grundlagenwissen. Aus dem Schulunterricht weiß jeder, dass es drei Aggregatzustände gibt, in denen Materie auftritt: fest, flüssig und gasförmig. Nur Wasser kennen wir aus dem Alltag in allen drei Aggregatzuständen: als Eis, als Wasser, als Dampf. Der Aggregatzustand hängt davon ab, wie die Moleküle oder Atome gepackt sind, aus denen ein Stoff besteht. Sind sie streng angeordnet, dicht gepackt, gefangen in der Gitterstruktur eines Kristalls oder eines amorphen Körpers, haben sie wenig Bewegungsfreiheit und sind daher leicht zu speichern und zu transportieren. So ist es zum Beispiel bei Kohle und Holz.

Flüssigkeiten sind ebenfalls dicht gepackt. Wasser lässt sich praktisch nicht zusammendrücken. Aber die Moleküle haben mehr Freiheit, sie sind chaotisch und beweglich angeordnet. Während Erwärmung bei festen Stoffen Pendelschwingungen der Atome um einen festen Platz erzeugt, gibt es bei Flüssigkeiten häufigen Platzwechsel, ohne dass sich das Gesamtvolumen dadurch wesentlich ändert. Beim Übergang vom festen zum flüssigen Aggregatzustand bleibt das Volumen praktisch erhalten. Flüssigkeiten lassen sich ebenfalls ohne große Mühe transportieren oder speichern, in Pipelines und Tanks.

Bei Gasen sieht die Situation anders aus, hier herrscht Anarchie. Die Atome bzw. Moleküle sind um das Tausendfache weniger dicht gepackt. Die volumenbezogene Energiedichte ist entsprechend geringer, der Platzbedarf entsprechend größer. Außerdem ist er jetzt von Druck und Temperatur abhängig. Speicherung lohnt sich nur bei starker Kompression.

Im Falle von Wasserstoff bietet sich die Verflüssigung an, doch da dieses Gas extrem freiheitsliebend ist, gelingt sie erst bei circa zwanzig Grad Kelvin (also -253 Grad Celsius). Dann steigt die Energiedichte um das 800-Fache, verglichen mit H_2-Gas bei normalem Druck. Bei weiterer Abkühlung um sechs Grad gefriert Wasserstoff und die Energiedichte steigt noch einmal um rund zehn Prozent.

Wasserstoff lässt sich in allen drei Aggregatzuständen transportieren und speichern. Diese Vielseitigkeit ist für das Projekt einer Wasserstoffwirtschaft günstig. Die Gasform ist die historisch älteste Form von Transport und Speicherung. Ihre technischen Mittel sind ausgereift. Hauptproblem dieser Technologie ist die niedrige Energiedichte (Heizwert). Erst bei einem technisch nicht zu verwirklichenden Druck von 3500 Atmosphären erreicht Wasserstoffgas die Energiedichte von Heizöl.

Die Domäne der Gasform von Wasserstoff ist der Transport über große Strecken durch Pipelines, ähnlich, wie es mit Erdgas gemacht wird. Schon seit über siebzig Jahren hat die Industrie mit dieser Transportform positive Erfahrungen gewonnen. Im Prinzip lassen sich die gleichen Rohrleitungen verwenden wie bei Erdgas. Allerdings funktioniert die Sache nicht bei alten Graugussrohren, da diese durch Wasserstoff verspröden würden. Moderne Stahlrohre sind hingegen geeignet.

Da Wasserstoff ein extrem »schleichfähiger« Stoff ist, müssen die geschweißten Nahtstellen natürlich von besonderer Qualität sein (H_2-Gas hat die Neigung, feine Haarrisse zu erweitern). Die extrem niedrige Viskosität bzw. extrem hohe Fließfähigkeit erlaubt es, Wasserstoffgas mit einem relativ niedrigen Druckgefälle durch sehr lange Leitungen zu schicken. Die erreichbare höhere Fließgeschwindigkeit gegenüber Erdgas gleicht im Übrigen den Nachteil aus, dass das H_2-Gas (GH$_2$) eine dreimal niedrigere Energiedichte wie Erdgas hat.

Auch flüssiger Wasserstoff lässt sich durch Rohrleitungen transportieren, nur müssen die Rohre in diesem Fall sehr gut isoliert sein. Man erreicht dies durch doppelwandige Rohre. Flüssiger Wasserstoff strömt durch die Rohrseele. Zwischen Innen- und Außenrohr befindet sich ein möglichst gutes Vakuum. Dies ist der beste Wärmeisolator, wie wir von Thermoskannen wissen. Ein Vorteil von Pipelines: Sie sind neben ihrer Transportfunktion zugleich auch Speicher. Somit können sie als Puffer bei wechselndem Verbrauch dienen.

Die Verflüssigung von Wasserstoff ist längst kein Problem mehr, es gibt dafür eine Vielzahl von Verfahren. Hierbei kann man grundsätzlich unterscheiden zwischen Kühlverfahren mit äußerer Arbeitsleistung und solchen mit innerer Arbeitsleistung. Die äußere Arbeitsleistung kennt man von Kühlschränken. Da Verdünnung von Gasen gleichbedeutend mit deren Abkühlung ist, wird durch einen Kolbenmotor oder eine Turbine das Gas entspannt. Es kühlt sich ab. Dieser Effekt ist besonders stark, wenn der Ausgangsdruck sehr hoch ist. Hierbei werden natürlich erhebliche Mengen an Energie verbraucht, die den Systemwirkungsgrad senken. Hilfreich ist die Vorkühlung mit flüssigem Wasserstoff.

Kommen wir zur Speicherung: Es gibt, entsprechend den drei Kategorien von Aggregatzuständen, drei Methoden der Speicherung: gasförmig, flüssig, fest. Die uns vertrauteste und älteste Technik ist die Speicherung von H_2 als Gas. Wasserstoffgas lässt sich im großen Maßstab unterirdisch speichern, in

Tavernen, Salzstöcken und Ähnlichem, doch wird in einer Wasserstoffwirtschaft die dezentrale Speicherung in Kleinspeichern immer wichtiger werden. Wasserstoff hat zwar aufs Gewicht bezogen den größten Energiegehalt von allen bekannten chemischen Energieträgern, da die volumenbezogene Energiedichte von Wasserstoffgas jedoch extrem gering ist, diese Technik macht aber nur Sinn, wenn man das Gas komprimiert. Hierbei muss man unterscheiden zwischen Groß- und Kleinspeicherung, Hoch- und Niederdruckspeicherung.

Die allen bekannte Form der Speicherung in Druckflaschen ist eine Kleinspeicherung, die für die Anwendung im Haushalt und im Verkehr in Frage kommt. Heute gängige Flaschen aus Chrommolybdänstahl speichern Wasserstoff bei einem Druck von 200 Bar. Das Verhältnis zwischen Füll- zu Leergewicht ist naturgemäß ungünstig und liegt bei etwa Eins zu Vierzig. Zum Transport werden die Druckbehälter zu Flaschenbündeln zusammengefasst, die über Hochdruckrohre miteinander verbunden sind. Dies erleichtert die Be- und Entfüllung. Der Vergleich zwischen Fahrzeuggesamtgewicht und dem Gewicht des transportierten Wasserstoffs macht drastisch deutlich, wie unwirtschaftlich diese Technik ist. Auf ein Kilogramm Fahrzeuggewicht kommen höchstens zehn Gramm Wasserstoff. Es handelt sich hier um eine reine Übergangstechnologie, die nur in der Phase einer sich allmählich erst entwickelnden Wasserstoffwirtschaft für spezielle Versorgungsprobleme Sinn macht.

Effektiver sind die Speicherung und der Transport von flüssigem Wasserstoff (LH_2). Da bereits seit langer Zeit Techniken zur Speicherung und zum Transport von flüssigem Sauerstoff und flüssigem Stickstoff existieren, konnte man darauf aufbauen und hat heute eine ausgefeilte Technik für den schwieriger zu beherrschenden Wasserstoff. Wichtig bei so genannten Kryobehältern – das sind extrem gut wärmegedämmte Tanks, in denen tiefgekühlte Flüssigkeiten aufbewahrt werden können – ist die Verdampfungsrate. Sie liegt heute bei weit unter einem Prozent pro Tag. Vor allem die Weltraumtechnik hat hier

Pionierfunktion gehabt. So steht ein Kryobehälter von 3800 Kubikmetern Volumen in Cape Kennedy (Durchmesser zwanzig Meter), der ungefähr 270 Tonnen flüssigen Wasserstoff aufnehmen kann. Seine Verdampfungsrate liegt bei weniger als 0,03 Prozent pro Tag, was einer Speicherungsdauer von mehreren Jahren entspricht.

Bekanntlich gibt es drei verschiedene Formen von Wärmeübertragung: direkte Wärmeleitung, Konvektion und Wärmestrahlung. Gegen direkte Leitung hilft ein möglichst perfektes Vakuum, denn in ihm gibt es keine Moleküle, die ihre kinetische Energie durch Stöße weitergeben können. Gegen Konvektion helfen konventionelle Isolationsmaterialien wie Glaswolle, Schaumstoffe, Kork, vor allem aber pulverartige Materialien geringer Korngröße wie Perlit und Mikrohohlglaskugeln aus Borglas vom Durchmesser um 15 bis 150 Miktromillimeter.

Gegen Infrarotstrahlung im langwelligen Bereich helfen hoch reflektierende Materialien wie Aluminiumpulver und mehrlagige (bis zu dreißig Lagen!) metallbedampfte Kunststofffolien. Diese Technik nennt man Superisolation. Sie wird vor allem bei Kleinspeichern eingesetzt. Man kann sie mit einem Hochvakuum kombinieren. Die Qualität des Vakuums wird durch Getter- und Absorbermaterialien aufrechterhalten. Getter kommt von »to get«. Das sind Fangstoffe, die, wie zum Beispiel das Metall Zirkonium, in der Lage sind, die durch Ausgasung aus den Isolationsmaterialien und durch Mikrolecks entstehenden Restgase zu binden. Bei Radioröhren zum Beispiel ist das die metallisch glänzende Schicht im Inneren des Kolbens. Die Standzeit solcher Speicherbehälter, die mehrere Jahre betragen kann, lässt sich durch Kühlen der Isolation mit kaltem Abgas noch weiter vergrößern.

Die Verdampfungsrate ist umso geringer und damit die Standzeit umso größer, je größer der Behälter ist. Dies ist eine einfache Folge der Geometrie, denn die Verdampfungsrate ist direkt proportional zur Oberfläche und diese wächst im Verhältnis zum Volumen langsamer. Die Kugelform ist am günstigsten, denn ihre Oberfläche wächst nur mit dem Quadrat des Durchmessers, während ihr Volumen in der dritten Potenz zunimmt.

Für die Speicherung bietet sich mehr und mehr auch der dritte Aggregatzustand an. Wasserstoff ist wie bereits mehrfach erwähnt, ein extrem bindungsfreudiges Element. Außer mit Edelgasen geht es mit allen anderen Stoffen Verbindungen ein. Dies eröffnet die Möglichkeit einer Speicherung in Feststoffen, in so genannten Metallhydriden – Metalle, die ähnlich wie Schwämme Wasserstoff in ihrer Gitterstruktur einlagern und dadurch chemisch binden.

Dies ist ein exothermer Vorgang, das heißt, bei der Einlagerung (Absorption) von H_2 wird Wärme frei. Um Wasserstoff für den Verbrauch wieder freizusetzen, also den Schwamm wieder auszupressen, wird in Umkehrung des Vorgangs Energie in Form von Wärmezufuhr benötigt. Als Metalle eignen sich Palladium, Magnesium, Lanthan, aber auch verschiedene Legierungen wie Magnesium-Nickel und Eisentitan. Solche Metalle bzw. Legierungen können zwei bis drei Wasserstoffatome je Gitteratom binden. Bei der Einlagerung kommt es zu einer Spaltung der H_2-Moleküle in einzelne Atome. Der Gewichtsanteil an Wasserstoff ist bei einem Hydridspeicher naturgemäß (wegen des niedrigen Atomgewichts) sehr gering. Bei Eisentitan beträgt er nur 1,75 Prozent, da die Eisen- und Titanatome so schwer sind.

Günstiger sind die Verhältnisse, wenn man leichtere Bindungsmaterialien wählt wie zum Beispiel Magnesium. Das Problem bei Magnesium ist die starke Bindungsreaktion. Der Wasserstoff kann nur bei sehr hohen Temperaturen schnell genug und mit ausreichendem Druck aus seinem Gefängnis befreit werden. Hier sind Katalysatoren wie Anthracen hilfreich.

Auch die Legierung mit Nickel führt zu einer Senkung der Temperatur. Trotzdem müssen immer noch circa dreißig Prozent des Heizwertes von Wasserstoff zu seiner Befreiung aufge-

wendet werden, als Schmiergeld sozusagen für die Gefängnis-
wärter.

Zu den Vorteilen des Metallhydridspeichers gehören die
niedrige Betriebstemperatur, die niedrigen Drücke, die kom-
pakte Bauweise, die Möglichkeit, ihn mehrere tausend Mal zu
befüllen, die hohe Reinheit des eingelagerten Wasserstoffs, keine Abdampfverluste wie bei der Lagerung von flüssigem Wasserstoff sowie die Möglichkeit, die Abwärme von Brennstoffzellen zur Freisetzung des Wasserstoffs zu nutzen. Nachteilig
ist bislang die relativ niedrige Speicherdichte, die dadurch bedingte geringe Reichweite von Fahrzeugen und die lange Be-
tankungsdauer. Doch werden sich diese Nachteile in Zukunft
deutlich verringern lassen. So arbeitet man an Leichtmetall-
hydridspeichern, die sich innerhalb weniger Minuten beladen
lassen, während konventionelle Hydridspeicher mehrere Stunden benötigen.

Ein Sonderfall soll noch erwähnt werden: der so genannte
Kryoadsorberspeicher. Auch hier wird Wasserstoff durch eine
feste Substanz gebunden, jedoch nicht chemisch, sondern nur
physikalisch. Der Wasserstoff wird nicht ins Metallgitter einge-
lagert, sondern bleibt weiterhin gasförmig und wird durch Ad-
sorption in den Poren einer Substanz festgehalten. Hierbei
steigt die Speicherkapazität mit dem Sinken der Temperatur.
Bei der sehr porösen Aktivkohle wird bei sechzig bis hundert
Grad Kelvin ein ähnliches Speichervermögen wie bei Metallhydriden erreicht, jedoch steht nicht das Innere der Speicher-
substanz, sondern nur ihre Oberfläche zur Verfügung. Deshalb
bleibt sie relativ gering.

Noch einige Bemerkungen zur für eine Wasserstoffwirtschaft so wichtigen Betankung. Wieder muss man in GH_2- und
LH_2- Betankung unterscheiden. Betrachten wir zunächst die
Betankung mit Wasserstoffgas, wie es von den Firmen DaimlerChrysler und Ford bevorzugt wird. Je höher der Druck in
einem Tank, desto höher die Speicherkapazität. Also muss bei
der Betankung ein möglichst hoher Druck erzeugt werden. Die

dabei bewirkte Kompression des Gases führt zu dessen Erwärmung (Kompressionsenergie). Eine anschließende Abkühlung des Tanks führt zur Entspannung, zur Druckminderung. Die Kompressionsenergie aber verschwindet unrückholbar. Um einen Tank mit 700 Bar Speicherdruck zu füllen, muss er zum Beispiel mit über tausend Bar Druck befüllt werden. Eine verlustreiche Angelegenheit!

Es gibt zwei Wege, hier Energie einzusparen. Einmal die »kalte Befüllung«. Hier wird der Tank in kalter Umgebung innerhalb von nur wenigen Minuten mit 400 Bar gefüllt, wobei die dabei entstehende Kompressionswärme an das Kühlmedium abgegeben wird. Die anschließende allmähliche Erwärmung des Tanks lässt seinen Innendruck auf 700 Bar ansteigen. Dieses Verfahren ist bei beweglichen Behältern wie Gasflaschen gut anwendbar, da sie sich einfach kühlen lassen. Bei stationären Tanks lässt sich eine Kühlung kaum bewerkstelligen. Hier bevorzugt man den zweiten Weg: die »warme Befüllung«. Das energiesparende Prinzip hierbei ist die langsame Befüllung durch eine allmähliche Druckerhöhung. Das Gas muss dann nur auf 800 Bar komprimiert werden statt auf über tausend, um dann anschließend bei normaler Umgebungstemperatur 700 Bar Speicherdruck zu halten.

Der Betankung mit flüssigem Wasserstoff wird die Zukunft gehören, vor allem beim Autoverkehr, denn hier ist die Energiedichte hoch genug und die Tankzeiten sind entsprechend kurz. Sie ist längst durch die Weltraumfahrt technologisch erprobt. Es gibt entsprechende Kryoventile und Kryopumpen, die bei extrem niedrigen Temperaturen arbeiten – Temperaturen, bei denen zum Beispiel keine normalen Schmiermittel verwendet werden können, sondern Werkstoffe wie Teflon zum Einsatz kommen. Das Problem ist, dass eine tiefkalte Leitung an ein warmes System angedockt werden muss.

Natürlich kann hier niemand mehr einen Tankstutzen, sei er auch noch so gut isoliert, in die Hand nehmen. Die Betankung muss vollautomatisch mit Hilfe eines Tankroboters erfolgen.

Das Problem der Ankopplung hat man inzwischen durch ein Schleusensystem gelöst. Die einzelnen Schritte sehen folgendermaßen aus:

1. Herstellen der mechanischen Verbindung zwischen Tank und Zuleitung der Tankstelle durch einen Roboter.
2. Elektrisches Erden der Betankungskomponente, damit kein Funke entstehen kann.
3. Kühlung und Reinigung der Schleuse mit flüssigem Helium.
4. Gleichzeitiges Öffnen der Ventile auf beiden Seiten der Kupplung.
5. Betankung bis auf 85 Prozent des Maximalvolumens.
6. Schließen und anschließendes Trennen der Kupplung.

Alle Schritte erfolgen wie gesagt vollautomatisch, überwacht und gesteuert vom Tankroboter. Die Befüllungsdauer eines PKW liegt derzeit bei etwa drei Minuten.

Mögliche Gefahren im Umgang mit Wasserstoff

Es gibt keinen Energieträger, der völlig risikolos in der Handhabung ist. Schließlich kommt es zumindest beim Verkehr darauf an, sehr viel Energie auf möglichst kleinem Raum mitführen zu können. Eine solche Ballung von Heizwert bzw. Energiedichte birgt immer die Gefahr einer plötzlichen, unkontrollierten Entladung des Energieträgers. Im Uhrenvergleich gesprochen: Die Hemmung, die den Gang auf die für einen Zeitmesser nötige Geschwindigkeit abbremst, bricht. Die aufgezogene Feder entspannt sich ruckartig bzw. das Uhrengewicht rast herunter und zerstört das Gehäuse.

Benzin hat eine besonders hohe Energiedichte. Sie übertrifft die von flüssigem Wasserstoff um das mehr als Dreifache. Dies wirkt sich natürlich auch bei unkontrollierter, spontaner Oxidation aus – sprich bei einer Verpuffung oder gar Explosion.

Dennoch verdrängt man die schrecklichen Verbrennungsfolgen bei Autounfällen oder Tanklasterunglücken, während man auf Unfälle mit Gas eher sensibel reagiert. Explodierende Propanflaschen auf Campingplätzen, Zerstörung ganzer Häuser bei Erdgasexplosionen, vor allem aber auch das spektakuläre Ende des größten Luftschiffes aller Zeiten, des (nicht der!) ›Hindenburg‹, am 5. Mai 1936 in Lakehurst, haben den Ruf von Wasserstoffgas, was die Sicherheit anbelangt, sehr schlecht werden lassen. Vielleicht hat man vor Flüssigkeiten wie Benzin auch weniger Angst, weil sie sicht-, riech- und fühlbar sind.

Sehen wir uns die wirklichen Verhältnisse näher an. Was passiert eigentlich, wenn es brennt? Flammen sind nichts anderes als Selbstkühlungsmaßnahmen energetisch angeregter Materie. Atome enthalten, wie wir bereits wissen, in ihren Hüllen Elektronen. Gewöhnlich sind sie auf bestimmten Bahnen stationiert, von denen die äußerste die chemischen Eigenschaften und Reaktionen eines Elementes oder Moleküls festlegt. Werden sie durch äußere Energiezufuhr angeregt, können Elektronen kurzfristig auf höhere, »unerlaubte« Bahnen springen, wodurch sich ihre potenzielle Energie erhöht. Springen sie aus diesem instabilen Zustand wieder in ihre alte, »kühlere« Bahn zurück, wird die wieder frei werdende Energiedifferenz in Form der kinetischen Energie eines Photons abgestrahlt.

Hierbei werden Photonen unterschiedlicher Wellenlänge produziert. Teils sehen wir sie als Licht, teils fühlen wir sie als Wärme. Ist der Wärmeanteil besonders hoch, wird dies zur Gefahr und kann zu Unfallopfern führen. Genau das aber ist der Fall, wenn angeregte Kohlenstoffatome am Verbrennungsvorgang beteiligt sind. Immer wenn sich kohlenstoffreiche Brennstoffe entzünden, sei es Holz, sei es Kohle, sei es Benzin oder Kerosin, sind die Flammen gelb als Folge angeregter, unvollständig verbrannter Kohlenstoffatome in den Rußteilchen. Die davon ausgehende Strahlungshitze ist gefährlicher als die eigentliche Temperatur der Flammen. Entzündet sich Wasserstoff, brennt er mit bläulicher Flamme. Obwohl deren Tempe-

ratur um etliches höher ist als eine Kohlenstoffflamme, nämlich 2000 bis 3000 Grad beträgt – bekanntlich werden solche
Flammen deshalb zum autogenen Schweißen verwendet –, ist
die Wärmestrahlung viel geringer als die von gelben Flammen.
Dies liegt an der kürzeren Wellenlänge der ausgesandten Photonen. Ihre kinetische Energie ist geringer, die Einwirkungszeit
auf die Haut kürzer. Außerdem steigt eine Wasserstoff-Sauer-
stoff-Flamme auf Grund der extremen Leichtigkeit des Wasser-
stoffanteils sehr schnell in die Höhe. Dass so viele Passagiere
und Besatzungsmitglieder die Katastrophe von Lakehurst
überlebten – 65 bei 35 Toten –, ist genau diesem Sachverhalt zu
verdanken.

Mein Vater, der damals am Höhenruder des ›Hindenburg‹
stand, hat mir sehr anschaulich erzählt, dass er wie einige andere aus der Gondel auf der richtigen, dem Wind zugewandten
Luvseite aus dem brennenden Schiff zu springen das Glück
hatte und daher völlig unverletzt blieb. Die Personen, die an
Lee heraussprangen, wurden schwer verletzt oder getötet, nicht
wegen der Wasserstoffflamme, sondern weil die brennende
Leinwand, also Kohlenstofffeuer, auf sie herabfiel. Ein Kero-
sinbrand wäre viel gefährlicher gewesen, so wie der 1977 auf
Teneriffa, bei dem 567 Passagiere eines Jumbos in den Flammen umkamen.

Mit zum schlechten Ruf von Wasserstoffgas hat auch die
extrem geringe Zündenergie eines Wasserstoff-Luftgemischs
beigetragen. Dieser Wert ist tatsächlich um eine Zehnerpotenz
geringer als die Energie, die aufgewendet werden muss, um ein
Methan-Luft-Gemisch zu zünden. Zudem hat Wasserstoff
einen ungewöhnlich hohen Entflammbarkeitsbereich, das
heißt, seine Zündgrenzen in Luft liegen zwischen vier und 75
Prozent. Darunter zündet H_2 nicht, darüber erstickt die Flamme. Die extrem niedrige Zündenergie gilt jedoch erst ab einem
Anteil von dreißig Prozent H_2 in einem Gas-Luft-Gemisch.
Wegen der enormen Flüchtigkeit von Wasserstoff wird eine
solch hohe Konzentration auch bei einem größeren Leck nicht

ohne weiteres erreicht. Wegen des geringen volumenspezifischen Heizwertes kippt die Flammenfront eines Wasserstoffbrandes im Übrigen erst ab 18 Prozent H_2-Anteil in eine Detonation um. Im Falle von Methan genügen bereits sechs Prozent.

Beim Einsatz von flüssigem Wasserstoff gelten die gleichen Gefahrenmomente wie bei gasförmigen, da flüssiger Wasserstoff ab dreißig Grad Kelvin bzw. -243 Grad Celsius extrem stark verdampft. Doch hat sich gezeigt, dass so genannte Spills (Ausgießungen) von LH_2 zwanzig- bis fünfzigmal schneller abgefackelt waren als vom Heizwert her vergleichbare Mengen fossiler Brennstoffe. Eine solche geringere Einwirkungszeit eines Brandes ist natürlich sicherheitstechnisch ein großer Vorteil. Die Möglichkeit, dass es beim Umgang mit flüssigem Wasserstoff zu brandwundenähnlichen, kryogenen Verletzungen kommt, kann im Übrigen durch entsprechende Techniken (zum Beispiel Robottankstellen) gering gehalten werden.

Man wird die Sicherheitsproblematik einer Wasserstoffwirtschaft in den Griff bekommen, mindestens genauso wie die der derzeitigen Benzin-Erdöl-Erdgas-Wirtschaft. Ein Tankerunglück mit flüssigem Wasserstoff würde übrigens zu keiner Umweltkatastrophe führen, da selbst bei einer Verpuffung oder Explosion letztlich nur Wasser entstehen würde. Auch Metallhydridspeicher haben einen nicht zu unterschätzenden Vorteil sicherheitstechnischer Art: Bei einem Unfall würde die Wärmeversorgung unterbrochen und kein weiterer entzündbarer Wasserstoff freigesetzt.

Die Brennstoffzelle und ihre verschiedenen Formen

Der nicht besonders schöne, ja geradezu unelegante Begriff der Brennstoffzelle ist in den letzten Jahren zu so etwas wie dem Haupthoffnungsträger einer zukünftigen Wasserstoffwirtschaft geworden. Zwar gibt es auch Versuche, einen dem Benzinmotor technisch analogen Wasserstoffmotor zu entwickeln, in dem eine heiße Energiewandlung von Wasserstoff mit Sauerstoff stattfindet, Wasserstoff also als Explosionsgas, gebändigt zwar, jedoch aggressiv eingesetzt wird. Doch wesentlich zukunftsträchtiger scheint das »kalte Feuer« der Brennstoffzelle zu sein, um dieses schöne Oxymoron zu verwenden.

Die darin stattfindende kalte Verbrennung von Wasserstoff und Sauerstoff liefert Strom, ein Vorgang, der die Umkehrung der Elektrolyse darstellt. Dass sich die Brennstoffzelle heute so schwer tut, liegt vielleicht daran, dass sie ein Kind des frühen 19. Jahrhunderts ist, also der zweiten Phase der Geschichte der Elektrizität entstammt. Doch bietet sie gewaltige Vorteile. Zum Beispiel kann sie in Form winziger Minikraftwerke Handys und Laptops mit Strom versorgen.

Der immense Vorteil der Brennstoffzelle liegt darin, dass sie die im Wasserstoff gespeicherte chemische Energie direkt in Elektrizität verwandelt und gegenüber der konventionellen Stromerzeugung zwei Stufen einspart und daher entsprechend weniger Verluste bzw. Verschleißteile einbringt. Bei der konventionellen Stromerzeugung wird chemische Energie (gespeichert in Kohle, Benzin und Ähnliches) in thermische Energie verwandelt, diese wiederum in die kinetische Energie der sich drehenden Kurbelwelle eines Generators, einer Turbine oder eines Ottomotors, die wiederum einen Dynamo antreibt, der dann endlich Strom liefert. Es handelt sich also um eine dreistufige Umwandlung. Die Brennstoffzelle hingegen begnügt sich mit einer einstufigen Transformation. Sie wechselt die chemische Energiewährung direkt in die Energiewährung Strom.

Wir sagten bereits: Was in einer Brennstoffzelle passiert, ist nichts anderes als die Umkehr der Elektrolyse. Wir werden jetzt den Versuch machen, mit den bisher gesammelten Informationen genauer zu erklären, was in einer Brennstoffzelle passiert, um dann die unterschiedlichen Arten von Brennstoffzellen mit ihren jeweiligen Vor- bzw. Nachteilen zu beschreiben.

Wir haben erfahren, dass die Elektrolyse ein endothermer Vorgang ist, das heißt, die Energiebilanz ist negativ, man muss

Energie hineinstecken, um sie am Laufen zu halten. Nach Faradays These von der Umkehrbarkeit physikalischer und chemischer Prozesse muss in einer Brennstoffzelle hingegen ähnlich wie bei einem galvanischen Element eine exotherme Reaktion stattfinden. Bei exothermen Reaktionen ist der Energieumsatz positiv und führt zur Freisetzung von Energie in irgendeiner Form – sei es Licht, Wärme, Strom, ähnlich wie es auch in einem normalen Feuer passiert.

In einem galvanischen Element findet Folgendes statt: Ein Metall gibt Elektronen an ein anderes Metall mit Elektronenunterschuss ab und neutralisiert es so. Man nennt dies Reduktion. Beispiel: Man taucht einen Zinkstab in eine Kupfersulfatlösung, in der das Kupfer durch die Aufspaltung im Elektrolyt ionisiert ist. Der Zinkstab reduziert das Kupfer und gibt ihm dadurch seine metallische Struktur zurück. Es scheidet sich als rötliche Kupferschicht auf dem Zinkstab ab. Es handelt sich um ein so genanntes Redoxsystem. Taucht man hingegen einen Kupferstab in eine Zinksulfatlösung, passiert nichts. Wir haben es nicht mit einem Redoxsystem zu tun. Dies liegt am unterschiedlichen Potenzial der beiden Metalle (der Chemiker spricht von einer elektrochemischen Spannungsreihe oder Potenzialreihe). Zink hat das höhere, Kupfer das tiefere Potenzial. Man kann auch sagen, Zink ist »unedler« als Kupfer.

Ein Strom fließt immer dann, wenn es ein Spannungsgefälle gibt. Er fließt vom Höheren zum Tieferen. Zink gibt seine Elektronen leichter ab als Kupfer, also kann man es »verkupfern«, während der umgekehrte Vorgang nur durch Einsatz von Energiezufuhr möglich ist (zum Beispiel durch elektrischen Strom). Würde man jedoch Silber in eine Kupfersulfatlösung tauchen, hätten wir wieder eine funktionierende galvanische Zelle, allerdings würde diesmal der Strom zwischen den beiden Elektroden in umgekehrter Richtung fließen, denn Kupfer ist unedler als Silber.

Bei Redoxsystemen gibt es sozusagen einen natürlichen Berg und ein natürliches Tal, und der Vorgang der Neutralisierung geht von selbst. Übrigens lässt sich mit einem Zink-Kupfer-Element nur Strom erzeugen, wenn man wieder eine ionendurchlässige Membran, ein Diaphragma, in die Lösung einbringt, das verhindert, dass sich die Reduktion (was der Natur am einfachsten wäre) an Ort und Stelle im atomaren Bereich vollzieht.

Brennstoffzellen sind Redoxsysteme. Ihre unterschiedlichen Typen lassen sich nach dem jeweils verwendeten Elektrolyt und/oder der Arbeitstemperatur unterscheiden. Im Wesentlichen gibt es sechs Typen.

Drei Niedertemperatur-Brennstoffzellen:
1. Alkalische Brennstoffzelle, AFC (Alkaline Fuel Cell)
2. Membran-Brennstoffzelle, PEFC (Proton Exchange Mebrane Fuel Cell), auch PEM-Zelle oder Ballardzelle genannt
3. Direktmethanol-Brennstoffzelle, DMFC (Direct Methanol Fuel Cell).

Sowie drei Hochtemperatur-Brennstoffzellen:
4. Phosphorsäure-Brennstoffzelle, PAFC (Phosphoric Acid Fuel Ccell)
5. Karbonatschmelzen-Brennstoffzelle, MCFC (Molten Carbonate Fuel Cell)
6. Oxidkeramische Brennstoffzelle, SOFC (Solid Oxide Fuel Cell).

Grundsätzlich gilt: Die Niedertemperaturtypen sind eher für den beweglichen Einsatz in Fahrzeugen, die Hochtemperaturtypen eher für den stationären Einsatz in kleinen, mittleren und großen Kraftwerken geeignet. Doch sind wir hier erst am Anfang der Entwicklung, so dass sich die Verhältnisse in einer etwas ferneren Zukunft noch verschieben können. Schauen wir uns die Brennstoffzellentypen näher an:

1. Die AFC

Ein kurzer Blick zurück: Schon 1959 entwickelte der amerikanische Physiker Francis T. Bacon eine erste funktionierende Brennstoffzelle mit einer Leistung von sechs Kilowatt. Er nutzte als Elektrolyt eine Base (ein Alkaloid). Später wurden alkalische Brennstoffzellen in der Raumfahrt eingesetzt (beim Geminiprojekt der NASA) und zwar sowohl zur Energieversorgung wie zur Trinkwassererzeugung. Wasserstoff fand bei den Geminiraketen also sowohl als heißes Feuer, als Raketentreibstoff, wie auch als kaltes Feuer zur Stromversorgung an Bord Verwendung.

Alkalische Brennstoffzellen (AFC) sind demnach der älteste Typ. Sie brauchen Wasserstoff und Sauerstoff als Brennmaterial, wobei Wasserstoff der Anode zugeführt wird und Sauerstoff der Kathode. Beide Elektroden müssen aus porösem, gasdurchlässigem Material bestehen.

Als Elektrolyt wird gewöhnlich Kalilauge in unterschiedlicher Konzentration (drei bis fünfzig Prozent) verwendet. Das Wort »Alkali« kommt aus dem Arabischen (*al kalja*) und bezeichnet ursprünglich die aus See- und Strandpflanzen gewonnene Soda bzw. die aus Landpflanzen gewonnene Pottasche. In allen Laugen sind Elemente der ersten Gruppe des periodischen Systems, so genannte Alkalimetalle wie Lithium, Natrium, Kalium, Rubidium, Cäsium und Francium, enthalten.

Was ist eine Lauge bzw. eine Base (synonym für Lauge!) chemisch gesehen, und was ist ihr chemisches Gegenteil, eine Säure? Eine Säure ist eine chemische Verbindung, die in wässriger Lösung Protonen an das Wassermolekül abgibt, was zum sauren Geschmack führt. Hier sind keine Alkalimetalle maßgebend, sondern Stoffe wie Schwefel oder Kohlenstoff. Laugen oder Basen sind Verbindungen, die den Wassermolekülen in Lösungen Protonen wegnimmt, was zu einem seifigen Geschmack führt. Typisch ist das Auftreten von Hydroxidionen

OH⁻ in solchen Lösungen, während für Säuren das Auftreten von Wasserstoffionen H^+ charakteristisch ist (sie sind allerdings nie frei, sondern an Wassermoleküle gebunden: H_3O^+).

Saure und basische Reaktionen treten nicht nur in wässrigen Lösungen auf, sondern auch in wasserähnlichen Lösungsmitteln wie Ammoniak und sogar in geeigneten festen Verbindungen, was für die Konstruktion von Brennstoffzellen natürlich höchst wichtig ist. Entscheidend ist immer nur der Protonenüberschuss bzw. -mangel. Basen kann man grundsätzlich auch als Elektronendonatoren verstehen (sie geben das Minus ab, um neutral zu werden), der Chemiker sagt, sie sind ein Reduktionsmittel. Säuren hingegen als Elektronenakzeptoren (sie nehmen Elektronen auf, um das Plus zu neutralisieren). Mit anderen Worten, sie sind ein Oxidationsmittel.

Wenden wir uns mit diesem Vorwissen noch einmal der alkalischen Brennstoffzelle zu: Einer ihrer Vorteile ist die günstige Betriebstemperatur, die gewöhnlich bei sechzig bis achtzig Grad Ceslius liegt, und ebenso der hohe Wirkungsgrad von sechzig bis siebzig Prozent. Dieser hohe Wirkungsgrad ist der Tatsache zu verdanken, dass die Sauerstoffreduktion in alkalischen Elektrolyten schneller verläuft als in sauren. Für die an Chemie Interessierten hier die chemische Reaktion im Anodenbereich: Ein Wasserstoffmolekül H_2 verbindet sich mit zwei Wasserstoffsauerstoffkationen (OH⁻) und zwei Elektronen e⁻ zu zwei Wassermolekülen ($2H_2O$). An der Kathode verbindet sich eine halbe Einheit Sauerstoff O_2 mit einem Wassermolekül zu zwei Wasserstoffsauerstoffkationen und zwei Elektronen. Man sieht, die chemische Bilanz stimmt: Es entsteht bei dieser Reaktion nämlich genauso viel Wasser, wie Wasser verbraucht wird.

Das Gleiche gilt für das basische OH⁻-Ion. Da an der Kathode Elektronenüberschuss besteht, an der Anode hingegen Elektronenmangel, Elektronenhunger also, und da das Elektrolyt die Wanderung der an der Kathode entstandenen Elektronen zurück zur Anode behindert, können diese über einen außerhalb der Zelle angelegten Leiter, einen Kupferdraht, abfließen. Die Anode saugt sozusagen durch den Leiter die Kathode leer und diese füllt sich wieder auf, indem sie die überschüssigen Elektronen aus dem Elektrolyt fischt. Mit anderen Worten, durch den Leiter fließt ein Strom, der Arbeit zu leisten vermag, eine Birne zum Leuchten bringt oder einen Elektromotor zum Drehen.

Ein Nachteil der AFC ist die Tatsache, dass sie sehr kohlendioxidempfindlich ist und daher mit reinem Wasserstoff und reinem Sauerstoff betrieben werden muss. Der Grund: Wenn man Luft als Brenngas nimmt, reagiert das in ihr enthaltene Kohlendioxid mit der Kalilauge zu Kaliumkarbonat, auch als Pottasche bekannt, eine amorphe Substanz, die binnen kurzer Zeit die Gasdiffusionselektroden verklebt. Selbst bei Verwendung sehr gut gereinigter Gase beträgt die Lebensdauer der AFC kaum mehr als ein Jahr. Ihr Einsatz bleibt daher vermutlich weitgehend auf Weltraumprojekte und militärische Anwendungen beschränkt.

2. Die PEFC

Kommen wir zum nächsten Brennstoffzellentyp, der Polymermembran-Brennstoffzelle, PEFC (Proton Exchange Fuel Cell) oder auch PEM-Zelle (Proton Exchange Membran) genannt. Dieser Typ wurde zunächst von der Firma General Electric für die Geminiprogramme der NASA entwickelt (GE-Zelle). Zu Ruhm gelangte dieser Brennstoffzellen-Typ durch Geoffrey Ballard (geboren 1932) und seine Firma. Er brachte die Idee zur Serienreife, verdünnte Schwefelsäure durch ein festes Polymer als Elektrolyt zu ersetzen. Damit sich die Brennstoffe H_2 und O im leitfähigen Milieu vor Ort nicht kurzschließen (Knallgasreaktion), braucht man zusätzlich ein Diaphragma, eine ionendurchlässige Membran, die zwischen einer flächig ausgebildeten Anode und einer Kathode gleicher Form aufgebracht wird. Diese Membran ist zugleich das Elektrolyt.

Polymere sind Großmoleküle, die durch Polymerisation entstehen. Es können Harze sein oder Folien. Ähnlich wie aneinander gesteckte Legosteine kommen Polymere auf ihre Weise der jedem Element und jedem Molekül innewohnenden Sehnsucht nach einer vollständigen, edelgasähnlichen, von einem Elektronenoktett besetzten Außenschale nach, indem sie sich zusammentun, und zwar solche mit Elektronenüberschuss und solche mit Elektronenmangel. An Polymerketten lassen sich positive Ionen anlagern, die frei beweglich bleiben und so dem Polymer die Eigenschaften eines Elektrolyts verschaffen. Wir kennen solche Ionentauscher-Polymere aus Wasserfiltern (Kügelchen im Brittafilter).

Die erste PEM-Zelle baute Thomas Grubb 1954. Sie brauchte reinen Wasser- und Sauerstoff und funktionierte nicht sehr gut. Die GE-Zelle hatte ebenfalls große Schwächen: Sie war zu schwer, zu schwach, zu empfindlich. Erst in den achtziger Jahren machten Ballard und sein Team entscheidende Fortschritte. Sie wussten, dass es nicht das Prinzip zu verbessern galt, sondern seine technische Verwirklichung, vor allem die Kombination von Elektrode und Membran war zu optimieren. Als Polymer setzten sie eine durchsichtige Plastikfolie mit Namen Nafion ein, als Katalysator so genanntes schwarzes Platin, ein schwarzes Pulver aus Platin, das wegen seiner Feinkörnigkeit über eine große Oberfläche verfügt. Als Elektrode verwendeten sie Kohlepapier, auf das sie mit einem Kleber und Hitze das schwarze Platin auftrugen.

Dieses Papier wurde mit der platinbeschichteten Seite gegen die Nafionmembran gepresst und durch Erhitzung mit ihr verschweißt. Die Kohlepapier-Platin-Nafion-Kombination befand sich eingezwängt zwischen Graphitplatten (Bipolarplatten), die den entstehenden Strom ableiteten und durch feine Rillen auch die Gase zuführten sowie durch Dochte das bei der Reaktion anfallende Wasser absaugten. Entscheidende Probleme waren das schnelle Nachlassen der Leitungsfähigkeit der Zellen durch Verunreinigung des Katalysators auf der Anodenseite, außerdem der hohe Preis von Platin und von Nafionfolie. Auch die Neigung des Wassers, die Zellen zu überschwemmen, stellte ein Problem dar.

Um mit ihm fertig zu werden, verbesserte das Team die Form der Rillen: Statt parallel wurden sie serpentinenartig angeordnet, außerdem Sauerstoff unter Überdruck hineingepresst, um das Wasser herauszutreiben. Mitte 1986 war man bei Zwölfzellenstacks mit einer Leistung von 280 Watt. Eine neue Polymermembran von der Firma Dow Chemical brachte eine vierfache Leistungssteigerung. 1987 hatten die Ballardleute ein Stack mit 1500 Watt gebaut.

Es war, wenn es auch zynisch klingen mag, ein glücklicher Umstand, dass in dieser Zeit die Smogsituation in Städten wie Los Angeles immer unerträglicher wurde und die Idee der »Zero-Emission« entstand. Es wurde von der Obrigkeit entschieden, dass ab 1998 zwei Prozent aller neu zugelassenen Autos Nullemissions-Fahrzeuge sein mussten. Bis 2003 sollte deren Anteil am Verkehr zehn Prozent ausmachen. Den Autoherstellern wurde mit saftigen Geldstrafen gedroht, falls sie diese Zahlen nicht möglich machen sollten. Doch technische Schwierigkeiten und die Lobbyarbeit der Ölfirmen erbrachte bald eine Verschiebung des Termins. Konventionelle batteriegetriebene Elektroautos waren zu schwer, zu teuer, hatten eine zu geringe Reichweite. All dies führte jedoch zur Förderung der Ballardzelle, denn sie versprach einen echten Fortschritt in Richtung Nullemission.

Erstes praktisches Ergebnis war die Fertigstellung eines Kleinbusses Anfang 1993. Er hatte 160 PS und eine Reichweite von 160 Kilometern. Das Brennstoffzellenstack war doppelt so groß wie ein Dieselmotor, und ein Drittel des Innenraumes wurde von der Technik belegt. Doch war ein spektakulärer, vor allem medienwirksamer Durchbruch gelungen. Bezüglich Beschleunigung konnte der Bus mit jedem konventionellen Bus mithalten. Jetzt galt es, weitere Fortschritte zu machen. Die Zellen mussten billiger und ihre Leistungsdichte (Leistung pro

Volumen) vergrößert werden. Dies gelang auch auf spektakuläre Weise. Gemessen in Kilowatt pro Kubikfuß (31 Liter) war man 1987 bei einem Kilowatt, '89 bei zwei, '91 bei fünf, '93 bei zehn, '95 bei knapp dreißig und 1997 schließlich bei fünfzig Kilowatt – eine Steigerung um das Fünfzigfache in zehn Jahren!

Entscheidend war bei diesem Fortschritt die Verbesserung der Bipolarplatten. Sie wurden immer dünner, was sich bei großen Stacks natürlich enorm auf die Leistungsdichte auswirkt. 1998 fuhren bereits drei große Busse in Chicago und drei in Vancouver. Sie beschleunigten in 19 Sekunden von Null auf fünfzig Stundenkilometer und erreichten eine Höchstgeschwindigkeit von knapp hundert Stundenkilometern.

Dennoch blieb die Situation schwierig. Die Regierung bevorzugte, was die Brennstoffzellen anbelangte, den Phosphorsäuretyp (siehe Seite 107) und steckte in dessen Entwicklung das meiste Geld. Die Ölkonzerne waren nicht gerade begeisterte Förderer einer Entwicklung in Richtung Wasserstoffwirtschaft. Das immer wieder auftauchende Gegenargument waren die hohen Kosten der Zellen. Allein für den Platin-Katalysator konnten 10 000 Dollar pro Auto anfallen. Die Crux war, dass Platin-black zwar eine große Oberfläche aufwies, doch die inneren Strukturen mit dem Wasserstoff gar nicht erst in Berührung kamen. Daher war diese Substanz zugleich ein extrem teurer Träger der katalytisch wirksamen Schicht.

Bald gelang es jedoch, dieses Problem zu mildern, indem man immer feinere Platinkügelchen auf Kohlenstoffträger aufbrachte, zuletzt sogar den Katalysator einfach in Tintenform auf das Kohlefasergewebe, das die Elektrode darstellte, aufdruckte. Die Katalysatorkosten sanken auf fünf Dollar pro Kilowatt und sogar noch weiter. Bald betrugen sie also nur noch wenige hundert Dollar für ein Auto, außerdem war die Katalysatorschicht recycelbar.

Der zweite große Kostenfaktor war die Membran, das Herzstück der Brennstoffzellen. Die Folien von Dupont (Nafion) und Dow waren nicht speziell dafür gedacht, sie waren im Grund viel zu edel für Autos mit einer maximalen Lebensdauer von 10 000 Fahrstunden. Ballards Team gelang die Herstellung einer eigenen Folie, die sowohl preislich günstiger als auch elektrochemisch gesehen wirksamer war. Es ging also mit Riesenschritten voran – so schnell, dass DaimlerChrysler auf die kleine Firma aufmerksam wurde. Ballard nahm den Konzern mit ins Boot, wobei der neue Passagier in diesem Falle viel größer als das Boot war. Doch führte diese Fusion zu den ersten Prototypen echter Wasserstoff-PKWs, bekannt unter den Namen NECAR (New electric car) I-V. NECAR V wird von einem legendären Ballardzellenstack angetrieben, der klein und kompakt ist und 75 kW leistet. PEM-Zellen können im Übrigen auch mit Kohlenwasserstoffen betrieben werden, jedoch braucht man hierzu einen Reformer, der aus ihnen den reinen Wasserstoff erzeugt.

Eine gewisse Problematik der PEM-Zelle besteht darin, dass sie bei niedrigen Außentemperaturen vorgeheizt werden muss, um genügend Strom zu liefern. Bei minus zwanzig Grad kann das Starten eines PKWs daher eine halbe Minute dauern, doch wird dies Problem zunehmend geringer, so dass in Bälde wesentlich kürzere Startzeiten auch bei noch tieferen Temperaturen erreichbar sein werden.

Noch ein Wort zur Betriebstemperatur. Bisher liegt sie für die PEM-Zelle bei achtzig bis hundert Grad und zwar aus einem einfachen Grund: Die bisherigen Polymermembrane sind nur in feuchter Atmosphäre fähig, Protonen zu leiten. Bei Temperaturen über hundert Grad droht der Wasseranteil jedoch zu verdampfen, die Folie trocknet aus und transportiert keine Ionen mehr. Neuerdings gibt es Bemühungen, Folien einzusetzen, die auch bei hohen Temperaturen nicht austrocknen. In Frage kommt eine Polymermembran aus Polybenzinmidazol (PBI). Sie würde auch bei 200 Grad funktionieren.

Höhere Temperaturen bedeuten bekanntlich höheren Wirkungsgrad, größere Zellspannung, die sich in diesen Systemen von 0,6 auf 1,11 Volt verdoppeln ließe. Außerdem nimmt die Empfindlichkeit der Brennstoffzellen gegenüber Verunreinigungen ab, vor allem gegenüber dem Katalysatorengift CO.

Werfen wir noch einen Blick auf den praktischen Aufbau einer PEM-Zelle. Er gleicht einem Sandwich aus sieben Schichten, wobei wie beim echten Hamburger das Beste in der Mitte liegt: die Membran-Elektroden-Einheit. Sie besteht aus einer hauchdünnen, circa 0,1 Millimeter dicken protonenleitenden Elektrolytfolie, die einen Wassergehalt zwischen zwanzig und vierzig Prozent besitzt. Diese Folie ist auf beiden Seiten mit einem Edelmetall als Katalysator beschichtet, wobei inzwischen nur noch 0,1 Milligramm pro Quadratzentimeter nötig ist.

An diese Beschichtung schließt auf beiden Seiten die poröse Schicht der Elektroden an. Auf der Anodenseite wird durch sie der zu oxidierende Wasserstoff, auf der Kathodenseite der zu reduzierende Sauerstoff zugeführt. Den Abschluss, die Brötchenhälften sozusagen, bilden auf beiden Seiten die Bipolarplatten. Sie sind mit Kanälen versehen und haben mehrere Funktionen:

1. Sie stellen den elektrischen Kontakt sowohl zu den Elektroden wie zu der Bipolarplatte der benachbarten Zelle (bei einem Stack) her. Deshalb müssen sie aus einem guten Leiter wie zum Beispiel Graphit bestehen.
2. Sie versorgen über die Kanäle die innere Zelle mit den beiden Reaktionsgasen und leiten das bei der Reaktion entstehende Wasser ab.
3. Sie leiten die bei der Reaktion entstehende Prozesswärme ab und führen sie einer Kühlkammer zu.
4. Sie dienen als Abdichtung.

Jede einzelne Sandwichzelle hat eine Dicke von zwei bis fünf Millimetern und quadratische oder rechteckige Außenmaße von bis zu vierzig mal vierzig Zentimetern. Hundert bis 200 solcher Zellen werden durch Endplatten zu einem Stack zusammengefasst. Durch diese Endplatten führen die Gasanschlüsse. Da für den Betrieb eines Elektromotor-Fahrzeugs eine vernünftige Betriebsspannung von mindestens 200 Volt erreicht werden muss, werden mehrere Stacks in Reihe und zur Erhöhung der Stromstärke bzw. Leistung parallel zu Modulen zusammengeschaltet. Allgemein gilt: Je höher die Spannung, desto geringer die elektrischen Verluste.

Gestatten Sie mir an dieser Stelle einen vielleicht etwas »schrägen« Vergleich: Kathode und Anode, die Bipolarplatten, die aufgedruckte Katalyseschicht und die ionendurchlässige Membran bilden als Stack angeordnet sozusagen ein Schichtenpaket ähnlich einem Buch. Bücher sind so etwas wie geistige Brennstoffzellen. In ihnen finden Ionenwanderungen statt, die außerhalb von ihnen durch den Vorgang der Lektüre Strom im Hirn des Lesers erzeugen oder zumindest erzeugen sollen, vorausgesetzt sein Hirn ist leitfähig und der Text des Buches ist in der Lage, in sich ein Spannungspotenzial aufzubauen. Und auch hier ist in der Regel eine gewisse Vorheizung des Systems durch Bildung nötig.

3. Die DMFC

Kommen wir zum nächsten Brennstoffzellentyp, der Direktmethanol-Brennstoffzelle DMFC. Sie ist genauso aufgebaut wie die PEM-Zelle, nur dass in ihrem Fall die Anode nicht mit reinem Wasserstoff, sondern mit Methanol versorgt wird. Methanol ist ein brennbarer, explosiver Kohlenwasserstoff der Formel CH_3OH, also der »einfachste« Alkohol seinem molekularen Aufbau nach, berüchtigt unter dem Namen Methylalkohol – ein hochgiftiger, blind machender Alkohol (schon dreißig Milliliter können tödlich sein), mit dem zum Beispiel Torpedomotoren betrieben werden. Im Zweiten Weltkrieg gab es zahllose Fälle von Methylalkoholmissbrauch. Mein Vater berichtete vom Tod der gesamten Mannschaft seines Schnellbootes, weil sie für eine Party Methylalkohol mit Marmelade zu einem süffigen Getränk gemischt hatten.

Die elektrochemische Reaktion an der Anode einer DMFC lautet: $CH_3OH + H_2O$ zu $CO_2 + 6\,HZ+ + 6e^-$.

An der Kathode: $1,5\,O_2 + 6\,H^+ + 6\,e^-$ zu $3H_2O$.

Auch hier entstehen also pures Wasser und freie Elektronen, die man in einem Elektromotor nutzen kann, jedoch leider auch CO_2, allerdings etwa dreißig Prozent weniger als bei den besten konventionellen Ottomotoren.

Man kann Methanol relativ leicht durch Oxidation von Methan, dem einfachsten Kohlenwasserstoff der Formel CH_4, gewinnen. Methan ist Hauptbestandteil von Erdgas, es kann jedoch auch aus Biomasse gewonnen werden. Eine andere Darstellung von Methanol ist die Hydrierung von Kohlenmonoxid. Dieses Verfahren ist Voraussetzung zur industriellen Herstellung von Formaldehyd, das man wiederum in großen Mengen zur Kunststoffproduktion braucht. Ein Gemisch von Kohlenmonoxid und Wasserstoff (Wassergas, Synthesegas) wird über bestimmte Katalysatoren (Kupferoxid) geleitet und dabei zu Methanol »reduziert« (das bedeutet Zuführung von Elektronen!), von dem man dann durch Dehydrierung zu Formaldehyd gelangt (HCHO).

Wenn man Methanol als Treibstoff in Autos einsetzen will, kann man es entweder direkt in einem konventionellen Kolbenmotor tun (wie zum Beispiel in den alten Holzgasautos der Vorkriegszeit) oder durch Einsatz einer DMFC. Ihre Betriebstemperatur bewegt sich zwischen achtzig und 130 Grad. Ihr elektrischer Wirkungsgrad ist nur etwa halb so groß wie der der PEFC (zwanzig bis dreißig Prozent statt fünfzig bis siebzig Prozent). DMFCs werfen jedoch auch technische Probleme auf. So ist die katalytische Aktivität noch zu gering. Auch die Membran ist problematisch, da sie nicht völlig methanoldicht ist, was zur Verringerung des Wirkungsgrades führt. Die Entwicklung von DMFCs befindet sich zurzeit im Laborstadium, doch ist das Potenzial noch nicht ausgeschöpft.

Ein Vorteil wäre die Möglichkeit, die gut ausgebaute Infrastruktur der Benzintankstellen zur Einführung von Methanol als Betriebsstoff nutzen zu können, denn Methanol ist im Gegensatz zu Wasserstoff bei normalen Temperaturen flüssig. Lediglich besondere Methanolpumpen müssten eingebaut werden. Auch die traditionellen Tanks in Autos könnten beibehalten werden. Das Kaltstartverhalten ist ebenfalls unproblematischer als bei einer über einen Reformer mit einem Kohlenwasserstoff betriebenen PEM-Zelle, da eine DMFC nicht durch Erhitzung auf Betriebstemperatur gebracht werden muss.

4. Die PAFC

Kohlenmonoxid und Kohlendioxid sind für PEM-Zellen wie für AFCs ein tödliches Gift. Diese Problematik entfällt bei Brennstoffzellen, die mit einem sauren Elektrolyt arbeiten, denn CO_2 reagiert nicht und CO nur schwer mit Säuren. Solche Zellen tolerieren bis zu zwei Prozent Kohlenmonoxid. Sie können daher mit reformiertem Erdgas und Luft betrieben werden, allerdings dann mit niedrigerem Wirkungsgrad. Ein Typ dieser Art ist die PAFC (Phosphoric Acid Fuel Cell), die Phosphorsäure-Brennstoffzelle. Hier ist das Elektrolyt reine Phosphorsäure (H_3PO_4). Wie bei der PEM-Zelle wandern Protonen (H^+-Ionen) von der Anode zur Kathode, wobei sich eine Leerlaufspannung von knapp über einem Volt zwischen den Elektroden aufbaut.

Die Wasserstoffionen reagieren katalytisch an der Kathode mit dem dort zugeführten Luftsauerstoff zu Wasser. Dabei entsteht sehr viel Abwärme, eine Betriebstemperatur von 170 bis 200 Grad, so dass das Wasser verdampft und mit dem Kathodenabgas abgeführt werden kann. Die entstehende Prozesswärme kann man anderweitig nutzen: zur Kraft-Wärme-Kopplung. Dieser Brennstoffzellentyp ist daher für stationäre Anwendung in Kleinkraftwerken besonders geeignet. So produziert die Hamburg Gas Consult GmbH ein Blockkraftwerk auf PAFC-Basis mit einer Leistung von 200 kW, das mit Propan/Erdgas oder Biogas betrieben wird.

Die Phosphorsäure wird nicht wie bei AFCs als Flüssigkeit verwendet, sondern als Gel, das sich innerhalb eines Geflechts als Siliziumkarbid befindet. Die Bipolarplatten bestehen aus hochporösem Graphit, in dem sich die bekannten Kanäle befinden. Als Elektroden dient ein Gewebe von Kohlenstofffasern, auf dem der Platinkatalysator aufgetragen wird.

Die Firma ONSI bietet seit 1992 eine PAFC-Brennstoffzelle an. Sie arbeitet mit Stacks oder Zellenstapeln von 320 in Reihe geschalteten Einzelzellen. Man kann drei Funktionselemente unterscheiden:

1. die Gasaufbereitung,
2. den Zellenstapel,
3. die Stromaufbereitung.

In der ersten Stufe wird Erdgas entschwefelt und anschließend mit Wasserdampf gemischt. Dieses so genannte Prozessgas wird in mehreren Reaktionschritten bei Temperaturen zwischen 150 und 220 Grad zu einem Gas umgebaut, das bis zu 78 Prozent Wasserstoff enthält, dem eigentlichen Betriebsgas der Brennstoffzellen. In der Zelle reagiert der Wasserdampf wie schon gesagt mit dem Luftsauerstoff katalytisch bei 200 Grad. Dabei wird im Stack ein Gleichstrom von 1000 Ampère und eine Spannung von 200 Volt erzeugt, was einer Leistung von 200 Kilowatt entspricht. Die bei dieser Reaktion entstehende Wärme wird zum Teil für die Wasserdampferzeugung verwendet und zum Teil als Nutzwärme ausgekoppelt.

Der Anteil der Nutzwärme beträgt wie die Stromleistung rund 200 Kilowatt. Da man mit Gleichstrom wenig anfangen kann (er lässt sich bekanntlich nicht transformieren), ist dem Zellenstack ein Wechselrichter nachgeschaltet, der Drehstrom von fünfzig Hertz und 380 Volt erzeugt. Die Anlage wird von Mikrochips gesteuert. Die Leistung kann zwischen Null und 200 Kilowatt stufenlos geregelt werden. Das komplette Gerät befindet sich in einem Kasten von siebeneinhalb mal drei mal dreieinhalb Meter Größe und wiegt 27 Tonnen. Es ist leise, man hört nur die Pumpen, Lüfter und den Wechselrichter (Schallpegel sechzig Dezibel in neun Meter Entfernung). Es hat einen extrem geringen Schadstoffausstoß verglichen mit Gasturbinen und anderen konventionellen Kraftwerken. Sein Nachteil: Die Lebensdauer beträgt bislang nur circa 30 000 Betriebsstunden. Dann lässt durch interne Verschmutzung der Elektroden der Wirkungsgrad zu stark nach. Die Investitionskosten sind bislang noch entschieden zu hoch. Rund eine Millionen Dollar muss man für eine solche Anlage bezahlen inklusive Transport, Zoll und Aufstellung, so dass der so produzierte Strom noch zehn bis 15 Cent pro Kilowattstunde kostet.

Werfen wir an dieser Stelle einen kurzen Blick auf die Zusatzaggregate, die man zum technischen Einsatz einer Brennstoffzelle benötigt. Sie sind vielfältiger Art und oft nicht einfach zu entwickeln. Reformer, Pumpen, Kühler und vor allem Steuerungselemente (Computer in Verbindung mit Reglern) sind die wichtigsten. Wird eine Brennstoffzelle mit Erdgas oder Biogas betrieben, ist zusätzlich eine Reformierung nötig, um freien Wasserstoff herzustellen. Schon mehrfach war von einem solchen Reformer die Rede und auch die Methode des Steamreforming wurde bereits behandelt. Erdgas und auch Biogas bestehen überwiegend aus Methan (CH_4). Um aus dieser Kohlenwasserstoffverbindung reinen, möglichst CO-freien Wasserstoff abzuspalten, gibt es drei Möglichkeiten:

1. Die partielle Oxidation: Methan wird unter Mithilfe eines Katalysators mit Luftsauerstoff teiloxidiert. $CH_4 + O_2$ zu $CO_2 + H_2$. Dies ist ein exothermer Vorgang, das heißt, es wird Energie in Form von Wärme frei.

2. Der Dampfreformer: Methan wird mittels Wasserdampf dampfreformiert. Dieser Vorgang ist endotherm, das heißt, er verzehrt Energie. Er läuft in folgenden Schritten ab: $CH_4 + H_2O$ zu $CO + 3H_2$. Dieser molekulare Umbau wird im eigentlichen Reformer geleistet. Er verfügt über einen Brenner, der die erforderliche Energiezufuhr und Wärme

bereitstellt. Anschließend wird das CO-haltige Gas durch einen Konverter geschickt, in dem das Kohlenmonoyxd zu Kohlendioxid oxidiert wird. Hierbei wird Energie freigesetzt – allerdings nur ein Fünftel dessen, was der Reformer verbraucht ($CO + H_2O$ zu $CO_2 + H_2$).

3. Der autotherme Reformer: Gegenüber der Oxidation hat die Dampfreformierung den Vorteil, dass bei ihr nicht nur aus dem Methan, sondern auch aus dem Wasserdampf Wasserstoff gebildet wird, dies bedeutet einen besseren Wirkungsgrad. Nachteil: Ein Teil der nutzbaren Abwärme der Brennstoffzelle muss zur endothermen Dampfreformierung abgezweigt werden, was wiederum den Systemwirkungsgrad senkt. Umgekehrt muss bei der exothermen Oxidation Energie zur Kühlung eingesetzt werden, die ebenfalls den Nutzeffekt mindert. Es liegt daher nahe, beide Prozesse miteinander zu kombinieren (autotherme Reformierung): Die Abwärme der Oxidation wird zur Erzeugung von Wasserdampf genutzt (Kühlung!).

Hier gilt es also, ein gutes Gleichgewicht zu schaffen und zum Beispiel zu verhindern, dass durch eine zu hohe Sauerstoffzugabe der Wasserstoff wieder zu Wasserdampf oxidiert, denn dadurch würde der Wirkungsgrad wiederum sinken – insgesamt eine große Herausforderung für die Regelungstechnik. Die bisherigen praktischen Erprobungen von Kleinkraftwerken auf PAFC-Basis durch die Ruhrgas AG in Bochum und durch die Thyssengas GmbH in Duisburg hat die grundsätzliche Brauchbarkeit des Verfahrens erwiesen. Auf dem Prüfstand war in den neunziger Jahren die erste von der Firma ONSI gebaute PAFC, die PC25A. Inzwischen gibt es bereits die dritte Fassung, die PC25C. Sie ist um ein Drittel kleiner, billiger und langlebiger. Ihre Leistungsdichte ist höher, so dass die Anzahl der Zellen im Stack von 320 auf 240 verringert werden konnte. Überschüssiges Wasser wird durch das Abgas abgeführt, so dass der bei dem Vorgänger nötige Anschluss ans Abwassernetz entfallen kann. Auch in Japan wird intensiv an PAFCs gearbeitet.

5. Die MCFC

Die Molten Carbonate Fuel Cell (MCFC) gehört zu den Hochtemperatur-Brennstoffzellen. Auf Grund ihrer hohen Arbeitstemperatur von 650 Grad ist sie vor allem für den stationären Einsatz in Blockkraftwerken mit Kraft-Wärme-Kopplung geeignet. Ein Vorteil der hohen Arbeitstemperatur ist folgender: Man braucht keine kostspieligen Edelmetallkatalysatoren, denn bei solchen Temperaturen laufen die erforderlichen Prozesse von sich aus viel leichter ab, so dass es genügt, wenn man billigen Nickel als Katalysator einsetzt. Der elektrische Wirkungsgrad ist ähnlich hoch wie bei AFCs und der PEM-Zelle – also rund 65 Prozent (sechzig Prozent bei Erdgasbetrieb) – und liegt dadurch weit über dem der DMFC und ein Stück auch über dem der PAFC (55 Prozent, bei Erdgasbetrieb vierzig Prozent). Als Elektrolyt dienen bei hohen Temperaturen schmelzflüssige Alkalikarbonate (Li_2CO_3, K_2CO_3). Sie werden in einem keramischen Träger beherbergt.

6. Die SOFC

Die SOFC ist eine so genannte oxidkeramische Brennstoffzelle. Bei dem Wort Keramik denkt der Laie gewöhnlich an Tontöpfe oder Porzellan, doch hat sich dieser Begriff längst auf andere Verbindungen erweitert, die für unser Leben immer wichtiger werden. Unter Keramik im weiteren Sinne versteht man durch Hochtemperaturbehandlung zusammengesinterte keramikähnliche Werkstoffe, die frei von Siliziumoxid (Glas!) sind, also nicht zur Gruppe der tonhaltigen Keramik gehören.

Oxidkeramik wird in der Technik immer wichtiger (Halbleiter, Kernreaktoren, Auskleidung von Öfen). Ein Grund ist die enorme Korrosionsbeständigkeit und der hohe Schmelzpunkt. Oxidkeramische Brennstoffzellen arbeiten bei noch höheren Temperaturen als die Karbonatschmelzen-Brennstoffzellen, nämlich bei 800 bis tausend Grad. Bei diesem Zellentyp sind es keine Protonen bzw. Wasserstoffionen, die durch das Elektrolyt wandern und damit den ausgleichenden Elektronenstrom im Außenleiter bewirken, sondern Oxidionen O_2^-. Als Elektrolyt dient eine feste, keramische Substanz: Zirkonoxid. Es wird durch das unedle Metall Yttrium stabilisiert. Bei einer Temperatur von 650 Grad wird es gasdicht und leitet keine Elektronen, erlaubt aber die Wanderung von Sauerstoffionen. Zirkonium ist ein erst 1789 entdecktes weiches, biegsames, äußerst korrosionsbeständiges Metall, das in der Natur nur in Verbindungen vorkommt, zum Beispiel als Zirkoniumdioxid (Zirkonerde). Im Falle von Zirkoniumoxid liegt der Schmelzpunkt bei sagenhaften 2710 Grad!

Yttrium ist ein dem Laien weitgehend unbekanntes Metall, das auf der Erde jedoch genauso häufig vorkommt wie Kupfer oder Blei, allerdings in so feiner Verteilung, dass es erst 1794 von dem Finnen Johann Gadolin entdeckt wurde, und zwar in einem in Ytterbit, in den Schären nördlich von Stockholm gefundenen Mineral namens Yttererde. Auch Yttrium ist ein weiches Metall mit einem Schmelzpunkt von 1523 Grad, es spielt in der Reaktortechnik eine große Rolle. Wegen seines geringen Neutroneneinfangquerschnitts ist es zur Aufnahme von Uranstäben bestens geeignet. Als Oxid rechnet man es zu den Leuchtstoffen, auch spielt es beim Bau von Fernsehröhren eine Rolle.

Yttriumkeramik, das heißt Yttriumoxid Y_2O_3, hat einen ähnlich hohen Schmelzpunkt wie Zirkoniumdioxid. Ob als Diamantenersatz, als Permanentmagnet, als Supraleiter, als Mikrowellenfilter – all diese wie Yttrium zur Scandiumgruppe zählenden so unbekannten weichen Metalle werden in verschiedenen Legierungen und Verbindungen immer wichtiger für unser Leben, vor allem was Hightechprodukte anbelangt.

Wegen des niedrigen Innenwiderstands dieses keramischen Elektrolyts und der hohen Betriebstemperatur lassen sich höhere Stromdichten erzielen als beim MCFC, nämlich bis zu einem Ampère pro Quadratzentimeter. Weltweit wird an dieser Technologie gearbeitet, viel Energie fließt vor allem in die Erforschung der Abstimmung des Ausdehnungsverhaltens von Keramik und Metallen in Kombination.

Ein weiterer Vorteil der Hochtemperatur-Brennstoffzellen: Sowohl MCFCs als auch SOFCs können wegen ihrer hohen Betriebstemperatur mit Erdgas bei innerer oder interner Reformierung betrieben werden. Man spart sich einen externen Reformer. Die direkte interne Reformierung DIR läuft an der Anode oder in den Brenngasleitungen ab. Die notwendige Reaktionswärme und der Wasserdampf entstammen der elektrochemischen Reaktion. MCFCs und SOFCs sind deshalb prädestiniert für Großkraftwerke ab zehn Megawatt.

SOFCs werden zurzeit in zwei Konzepten entwickelt: als flächige Zelle oder als Röhre. Die Firma Siemens-Westinghouse bevorzugt das Röhrensystem, die Schweizer Firma Sulzer-Hexis den planaren Aufbau (ähnlich dem konventioneller Brennstoffzellen). Um einen Eindruck von Ingenieursleistungen zu vermitteln, sollen beide Konzepte kurz vorgestellt werden.

Beim Röhrenkonzept bestehen die Brennstoffzellen aus besenstilartigen, bis zu anderthalb Meter langen Röhren von circa zwei Zentimetern Durchmesser, die zu Stacks zusammengeschaltet werden. Innen durchströmt sie die Luft mit Sauerstoff, außen das Brenngas. Die Röhren selbst sind porös. Die Außenhülle bildet die Anode, die Innenhülle die Kathode. Auf der Innenseite befindet sich ein schmaler Längsstreifen aus Lanthan-Strontium-Chromat, der so genannte Interkonnektor, der den Kathodenstrom abführt. Die Elektrolytschicht zwischen Kathode und Anode ist eine gasdichte Schicht mit einer möglichst niedrigen Dicke (circa vierzig Mikrometer, das sind vierzig Tausendstel Millimeter!). Je dünner diese Schicht ist, umso geringer darf die Betriebstemperatur sein, bei der die Ionenwanderung stattfindet, denn die von ihnen zurückgelegte Strecke ist abhängig von ihrer thermischen Bewegung.

Eine Röhre allein ist in der Lage, über 150 Watt zu produzieren, also zwei bis drei Glühbirnen zum Leuchten zu bringen. Ihre Bündelung in Modulen, sowohl in Reihe als auch parallel geschaltet, führt zu beachtlichen Leistungen. Das Brenngas – sei es Wasserstoff, sei es Erdgas – wird an der Anodenseite der Röhre oxidiert, ein exothermer Prozess, der innerhalb der Röhren die Betriebstemperatur von fast 1000 Grad erzeugt. Eine Hundert-Kilowatt-Anlage von Siemens-Westinghouse besteht aus 1152 Röhren. Wir wollen hier nicht auf weitere Details eingehen, auf die komplizierten Blockschaltbilder, auf die interne Reformierung des Brenngases und dergleichen. Fest steht, dass diese Technik für mittlere und große Kraftwerke wirtschaftlich ist und dass ab 2008 eine kommerzielle Nutzung ins Auge gefasst werden kann.

Die SOFC ist aber auch eine Technologie, die für kleine Leistungen viele Vorteile bietet. Einer ist zum Beispiel ihre Fähigkeit, mit vielen verschiedenen Brennstoffen arbeiten zu können. Man ist nicht auf hochreinen Wasserstoff angewiesen. Dies liegt daran, dass die in der Zelle arbeitenden Sauerstoffionen zur Anode wandern und dort mit dem Brenngas reagieren. Man kann also auch die Kohlenstoffkomponenten des Brennstoffes zur Stromgewinnung nutzen. Die hohe Betriebstemperatur ist außerdem ein Vorteil bei der Wärmekopplung. Und schließlich ist der hohe Wirkungsgrad als Vorteil zu nennen.

Die planare Version der SOFC wird in den Labors von Sulzer-Hexis entwickelt. Auch hier dient als Elektrolyt eine dünne Schicht aus Zirkoniumoxid-Keramik. Die Brennstoffzelle mit Namen »HXS 1000 Premiere« arbeitet mit Erdgas. Sie soll bei bestehender Infrastruktur (Gasanschluss) in der Lage sein, eine Wohneinheit mit Strom und Wärme zu versorgen. Wie bei allen SOFCs wird an der Anode ein Gemisch von Kohlenmonoxid und Wasserstoff oxidiert, während an der Kathode Luftsauerstoff reduziert wird.

Ein Hexis-Stapelsegment umfasst die Brennstoffzelle und die metallischen Stromsammler (Interkonnektoren) in der bekannten Sandwichbauweise. Die Zellen sind runde Scheiben von zwölf Zentimetern Durchmesser. Die Bauweise ist sehr kompakt. Zellenstapel von siebzig Zellen haben eine Höhe von nur 52 Zentimetern und liefern eine elektrische Leistung von über einem Kilowatt. Hinzu kommt eine thermische Leistung von 2,5 Kilowatt, die zu Heizzwecken ausgekoppelt werden kann (für die Warmwasserversorgung eines Hauses). Um die Wärmeversorgung eines Eigenheimes auch bei erhöhtem Wärmebedarf zu gewährleisten, kann ein Zusatzbrenner zugeschaltet werden.

Man befindet sich mit dieser kompakten Anlage von 350 Kilogramm Gewicht (leer) und den Maßen 1080 mal 720 mal 1800 Millimeter deutlich auf dem Weg zu jener dezentralen Strom- und Wärmeerzeugung, die zur Zukunftsvision einer Wasserstoffwirtschaft gehört. Die Vorteile sind der hohe Gesamtwirkungsgrad von 85 Prozent, die niedrige Schadstoffemission, die Geräuscharmut und die Reduktion von Verschleißteilen. Es gibt übrigens nicht nur erdgasbetriebene Anlagen, sondern auch solche mit flüssigen Brennstoffen wie Heizöl. Hier entwickelt sich offensichtlich ein Markt für dezentrale Kraftwerke für Einfamilienhäuser.

Entwurf einer globalen Wasserstoffwirtschaft

Kommen wir nun zum eigentlich visionären Teil dieses Buches, dem Entwurf einer globalen Wasserstoffwirtschaft. Jules Verne hat sie vorausgeahnt, ihr eigentlicher erster Protagonist war jedoch ein gewisser John Burden Sanderson Haldane. Er war der zu Unrecht am wenigsten bekannte der hochbegabten Haldane-Brüder aus Schottland, von denen es der eine zum Kriegsminister brachte (Richard Burdon) und der andere (John Scott) als Physiologe die Arbeitshygiene der Industriearbeit wesentlich verbeserte.

John Burden Haldane wies bereits in den zwanziger Jahren des letzten Jahrhunderts darauf hin, dass Wasserstoff in der gewichtsbezogenen Energiedichte dem Erdöl um das Dreifache überlegen ist. Er hatte auch die Vision einer Wasserstoffproduktion mit Windenergie: Riesige Windmühlen würden in seinem sturmgesegneten Heimatland der Stromerzeugung dienen. Überschüssige elektrische Energie würde mittels Elektrolyse zur Wasserstoffproduktion herangezogen. Der Wasserstoff würde in großen, vermutlich unterirdischen Tanks gespeichert und die Stromversorgung an windstillen Tagen sichern.

England ist heute tatsächlich dabei, sein Windkraftpotenzial anzuzapfen. Hinzu kommen die ersten im Bau oder bereits im Versuchsstadium befindlichen Meereskraftwerke in Schottland. Haldane wies auch schon auf die großen Vorteile einer Dezentralisierung der Energiewirtschaft hin. Standorte für Industrieunternehmen wären in einer Wind-Wasserstoff-Welt nicht mehr von Straße und Schiene abhängig, sondern könnten auch in völlig entlegenen Gebieten unterhalten werden. Selbst die ökologischen Vorteile hatte er bereits im Blick: keine Abgase, keine Abfälle, nur Wasserdampf. In einem allerdings irrte sich Haldane gewaltig. Er prophezeite nämlich, dass es vier Jahrhunderte dauern würde, bis diese Entwicklung einträte. Heute wissen wir, dass es weitaus schneller gehen muss.

Es geht wirklich eindeutig schneller voran, wenn auch bislang in ziemlich kleinen Trippelschritten. Irrationale Angst vor Veränderung und das scheinbar rationale Kostenargument wirken leider als Bremse in die Gegenrichtung.

Jede Änderung einer Großtechnologie ist in der Tat teuer. So brachte einst die Umstellung von der Postkutsche auf das Auto ungeheure Kosten im Straßenbau mit sich. Diese mussten nationalökonomisch gestemmt werden, ehe die Erhöhung der Transportgeschwindigkeit sich positiv für die Volkswirtschaften auszuzahlen begann. Auch die Umstellung der Bahn von der Dampflock auf den Triebwagen brachte zunächst enorme Kosten mit sich, weil es nötig war, ein flächendeckendes Netz von Oberleitungen zu bauen, wobei die Diesellock als typische Übergangstechnologie die bestehenden Lücken zu füllen hatte. Die Folgen waren allerdings eine Wohltat für die Umwelt und eine wesentlich höhere Wirtschaftlichkeit.

Den nächsten theoretischen Schritt in Richtung einer Wasserstoffwirtschaft stellten die Arbeiten von Justi und Bockris dar. Als der 1904 geborene deutsche Physiker Professor Eduard W. Justi zusammen mit dem zwanzig Jahre jüngeren amerikanischen Elektrochemiker Professor John O. Bockris vor einem Vierteljahrhundert ein Buch mit dem reißerischen Titel ›Wasserstoff. Energie für alle Zeiten‹ publizierte, war so etwas wie die »Bibel der Wasserstofftechnologie« entstanden. Bockris/Justi wussten natürlich, dass Wasserstoff keine Energie ist, sondern bloß ein Energieträger. Die werbeträchtige Verfälschung im Titel ihres Buches ist ein Indiz dafür, für wie schwer und steinig sie den Weg einschätzten, den es für die Menschheit in Richtung einer revolutionierten Energiewirtschaft zu gehen galt und immer noch gilt. Vieles kann man immer noch aus diesem Buch lernen – zum Beispiel den Hinweis, dass es müßig und sogar unehrlich ist, die Schuld an steigenden Ölpreisen »den Arabern« oder der Autolobby zuzuschanzen. Auch die politischen Risiken instabiler Zonen – dank der Verschiebung der afrikanischen Platte liegen die größten und besten Erdölvorkommen bekanntlich in den politischen Bruchzonen der arabischen Staaten – sind nicht eigentlich das Problem. Sie führen nur zu kurzfristigen Schwankungen fossiler Energiepreise.

Das erste konkrete und durchkalkulierte Modell einer Wasserstoffwirtschaft auf Grundlage der Solarenergie wurde von Justi im Jahre 1964 publiziert. Das von ihm entwickelte Blockschaltbild stellt einen Zusammenhang her zwischen einem »Sonnensammler«, der Elektrolysestation, und den von dort ausgehenden Rohrleitungen, die die elektrolytisch gewonnenen Elemente Sauerstoff und Wasserstoff zu den verschiedenen Verbrauchern, den Großkraftwerken genauso wie zu den Haushalten und Tankstellen transportieren. Justi errechnete, dass beim damaligen Energieverbrauch der Bunderspepublik eine Kollektorfläche von nur 900 Quadratkilometern, das entspricht einer Fläche mit dreißig Kilometern Seitenlänge, ausreichen würde, um das gesamte Land mit Energie zu versorgen. Der »Sonnensammler« würde irgendwo im Süden in einer sonnenreichen Gegend errichtet, und Pipelines würden eine billige und verlustarme Versorgung über große Distanzen garantieren. Die Verstromung mit ihrem niedrigen Wirkungsgrad würde erst bei Bedarf vor Ort des Verbrauchers geschehen.

Zehn Jahre später hat Justi sein Blockschaltbild deutlich verbessert. Er verzichtet zum Beispiel auf die Sauerstoffleitung. Das Sonnenkraftwerk platziert er in Südwestspanien. Es kommt wegen besserer Kollektoren mit einer Fläche von 137 Quadratkilometern aus. Die Pipeline, die zugleich als Speicher dient, ist 2150 Kilometer lang und endet bei Karlsruhe. Wieder vernetzt sie Gaskavernen, Tanks, Groß- und Kleinverbraucher.

Diese Vernetzung ist der eigentlich progressive Faktor des Modells. Eine Wasserstoffwirtschaft bezieht ihre hohe Produktivität und Flexibilität aus eben dieser Vernetzung, während die heutige Energiewirtschaft trotz Kraft-Wärme-Kopplung immer noch hauptsächlich getrennte Versorgungswege und Energiewährungen einsetzt: elektrischen Strom aus Großkraftwerken für die Haushalte, Benzin und Dieselöl für die Tankstellen. Es werden also völlig verschiedene Technologien parallel eingesetzt, Elektromotoren und Glühwendel einerseits, Ottomotoren und Erdölbrenner andererseits. Die Brennstoffzelle würde die teure Mehrgleisigkeit der Energiewirtschaft beenden helfen.

Vernetzung, Dezentralisierung, vor allem auch »intelligente Netze«, die auf schwankende Verbrauchswerte schneller und direkter reagieren können als die großen Energieversorger derzeit, kennzeichnen die Vision einer Wasserstoffwelt. Unter einem intelligenten Netz versteht man ein Netz, das nicht wie eine Einbahnstraße funktioniert, also nur in Richtung vom Erzeuger zum Verbraucher. Es muss Gegenverkehr erlauben, um einen wechselseitigen Austausch über Bedarf und Angebot zu ermöglichen und um so zum Beispiel die Stromkosten zugunsten des Konsumenten zu optimieren. Geräte, in denen Strom verbraucht wird, wie zum Beispiel Waschmaschinen, könnten mit Sensoren ausgestattet werden, die Rückmeldungen in Richtung der Stromerzeuger erlauben.

Zu Beginn des 20. Jahrhunderts war man einer Wasserstoffwelt bereits ziemlich nahe. Die Stadtgasnetze enthielten damals bis zu sechzig Prozent Wasserstoff. In den fünfziger Jahren flog eine erste Canberra mit Wasserstofftanks, die V2 war die erste Rakete, die auf dem Strahl einer kontrollierten Knallgasflamme ritt. Auch in der Raumfahrt ist Wasserstoff längst unersetzlich.

Im Ruhrgebiet gibt es schon lange ein unfallfrei betriebenes, 200 Kilometer langes GH_2-Netz. Die ausgedehnten Erdgaspipelines, wie die in den achtziger Jahren im Mittelmeer in 600 Metern Tiefe verlegte Erdgaspipeline, sind praktisch erprobte Vorläufer von Wasserstoffpipelines. All dies sind bislang nichts anderes als Vorzeichen der von Bockris/Justi proklamierten neuen Welt der Energieversorgung. Sie spitzt sich zurzeit in folgender Frage zu: Wird es je ein weltweites Wasserstoffenergienetz geben (HEW = Hydrogen Energy Web) – als energetische Entsprechung des World Wide Web der Kommunikation? Reichen die zunehmend steigenden Erdölpreise, um den teuren Umstieg auf ein solches Netz zu erzwingen?

Mit ihm wäre eine globale Demokratisierung des Zugriffs auf Energie möglich. Die ungerechte Verteilung kohlenwasserstoffhaltiger Energieträger würde nicht mehr zu den heute so gravierenden politischen Spannungen und Katastrophen führen. In den Ländern Richtung Äquator wäre der Sonnenreichtum die Hauptressource, in den Ländern Richtung Pol würde diese Ungerechtigkeit durch den dortigen Reichtum an Wind und Wasserkraft (einschließlich der Meereswellenenergien) ausgeglichen.

Man gewinnt den Eindruck, dass derzeit überall, punktuell sowie auf breiter Front, kleine Schrittchen in Richtung einer Wasserstoffwelt gemacht werden. Wenn neuerdings Fiat, Mercedes, Volvo und andere Autohersteller Hybridautos anbieten, die wahlweise mit Erdgas oder Benzin angetrieben werden, dann muss man dies als verdeckte Signale in diese Richtung deuten, denn wirtschaftliche Interessen seitens der Konsumenten können hier keine Rolle spielen. Die Klientel, die sich diese Luxusfahrzeuge leisten kann, ist auf die günstigeren Kosten von Erdgas nicht angewiesen.

Ich vermute daher, dass hier ohne großes wirtschaftliches Risiko in einer sicheren Verbrauchernische mit neuen Technologien experimentiert wird, die man als Übergangstechnologien bezeichnen muss, von denen aus der Schritt zum Wasserstoffauto kleiner ist. Darum werden derzeit solche Übergangstechnologien wie zum Beispiel der Einsatz von Methanol als Treibstoff privilegiert, denn mit ihnen kann das bestehende Tankstellennetz weiter genutzt werden (es müssen nur entsprechende Pumpen eingebaut werden). Doch haben Bockris/Justi völlig Recht, wenn sie schon vor Jahrzehnten darauf hinwiesen, dass eine globale H_2-Wirtschaft nur Sinn macht, wenn sie den primären Energieträger Sonne direkt anzapft und die Finger von der Zwischenwährung der Kohlenwasserstoff-Energieträger lässt, auch wenn sie nicht zu der fossilen Kategorie gehören.

Als Kohle noch der wichtigste Energieträger war – er diente zum Heizen und Kochen –, war der Umgang mit ihm eine durchaus sinnliche Erfahrung. Kohle ist schwer und schmutzig, man konnte den Verbrauch unmittelbar sehen, riechen und anfassen, und die Beschaffung dieses Materials war mit Muskelarbeit und Waschritualen verbunden. Der Übergang zu Erdöl führte demgegenüber bereits zu einer Entsinnlichung auf Verbraucherseite. Doch auch Heizöl kann man noch sehen, anfassen, riechen. Mit dem Schritt zum Erdgas ging eine nochmals weitergehende Entsinnlichung einher, denn diesen Energieträger sieht, fühlt und riecht man nicht mehr. Alles, was man noch mit seinen Sinnesorganen in Erfahrung bringt, ist ein leises Rauschen im Backofen oder ein Kranz bläulicher Flämmchen.

Die Einführung von Wasserstoff und Brennstoffzellen würde die Entsinnlichung unserer Energiewelt perfekt machen. Schon zu Strom kann man keine konkrete Beziehung mehr aufbauen. Will man ihn ertasten, bekommt man einen Schlag. Diese Entmaterialisierung, die Spiritualisierung der Beziehung zur Energie ist technologisch genauso wie im praktischen Umgang von großem Vorteil. Was jedoch das Bewusstsein des Verbrauchens angeht, stellt sie ein gewisses Problem dar. Wenn die letzte sinnliche Beziehung zum Energieträger nur noch im Ablesen von Messinstrumenten liegt, ist sein Missbrauch, seine ökonomisch und ökologisch falsche Anwendung psychisch fast vorprogrammiert. Unsere Lernfähigkeit in Sachen Energieverbrauch kann sich eben schon lange nicht mehr auf konkrete Erfahrung wie das Schwinden des Holzstapels im Schuppen oder des Kohlehaufens im Keller stützen. Sie läuft nur noch über Jahresabrechnung und Monatspauschalen, und das bedeutet, sie wird zu einem Ärgernis über Zahlen und Kontenführung, statt zu einer realen Begegnung.

Vielleicht liegt in diesem Sachverhalt sogar eine der Hauptursachen der Misere, in der wir uns zurzeit energiepolitisch befinden. Die Meinungen sind polarisiert, der Energieverbrauch ist entfremdet, der Energiemissbrauch ist einfach zu verdrängen. Wer sich Solarzellen aufs Hausdach pflanzen lässt, ist ein Spinner, die Windräder in der Marsch gefallen nur den Don Quijotes.

Doch es gibt kein Zurück mehr. Es geht jetzt darum, die großen Blockkraftwerke, die Strom aus Kernkraft oder fossilen Energieträgern erzeugen, zu Energiekraftwerken umzurüsten. Diese ermöglichen nicht nur *eine* Form der Energiegewinnung, sondern gleich deren *drei*: Strom, Fernwärme, Wasserstoff (in flüssiger und gasförmiger Form). Es macht Sinn, Wasserstoff vor Ort aus alternativen Energiequellen mittels Elektrolyse herzustellen. Hier bieten sich die großen Offshore-Windparks an, die vor Dänemark bereits existieren und in Norddeutschland entstehen sollen.

Die Installation von Hauskraftwerken macht Sinn. Mit eigenen Kollektoren auf dem Dach lässt sich im Keller Wasserstoff herstellen, der in sonnenarmen Zeiten als Nahrung für die Energieverzehrer im Haus dient. Auch das Auto lässt sich in ein solches Hauskraftwerk integrieren, so es ein Wasserstoff-Brennzellen-Auto ist. Konventionelle Autos verbringen in der Regel neunzig Prozent ihres »Lebens« in einer Garage, nutzlos und sperrig. Wasserstoffautos könnten in dieser Zeit per H_2-Zuleitung und Stromkabel an das Hausnetzwerk angeschlossen werden und zusätzlich Strom produzieren, der ins öffentliche Netz abfließen könnte. Man stelle sich vor, Millionen von Kraftfahrzeugen würden ihre Standzeit in dieser Form Gewinn bringend einsetzen! Wie viele Großkraftwerke wären dann überflüssig!

Entscheidend für eine künftige Wasserstoffwelt wird ein kluges Neben- und Miteinander von Groß- und Kleinversorgern sein. Beide Technologien haben ihre jeweiligen besonderen Vorteile. Sie gegeneinander auszuspielen wäre alles andere als sinnvoll.

Island wird die erste Nation sein, die die Fessel der fossilen Energieversorgungen abstreift, dies wird vermutlich bereits in den nächsten zehn Jahren geschehen. Hawaii wird folgen. Beide Länder haben allerdings das Privileg, auf besonders brüchigen und dünnen Stellen der Erdkruste zu liegen. Sie können daher relativ leicht genügend Erdwärmekraftwerke installieren, die eine flächendeckende Wasserstoffversorgung aus alternativen Energiequellen garantieren. Die Unabhängigkeit von fossilen Energieträgern ist eine große politische Chance für beide Regionen. Allein die Umstellung der für Island so wichtigen Trawlerflotte vom teuren Diesel auf Wasserstoff wird die Kosten des Fischfangs verringern und die Umweltbelastung des so empfindlichen Nordmeeres erheblich senken.

Andere, geologisch weniger privilegierte Regionen tun sich naturgemäß schwerer. Dies liegt vor allem an den Kosten der Infrastruktur einer Wasserstoffwirtschaft. Allein die Umrüstung von Tankstellen auf GH_2- und LH_2-Betrieb würde circa eine halbe bis eineinhalb Millionen Euro pro Tankstelle kosten. Wir treffen hier wieder auf das leidige Henne-Ei-Scheinproblem. Müssen erst Tankstellen her und dann Wasserstoffautos oder ist es umgekehrt? Eine amerikanische Untersuchung behauptet, es müssten erst flächendeckend in den USA rund 4500 H_2-Tankstellen gebaut werden, ehe die Großproduktion von Wasserstoffautos Sinn machen würde. Doch in Wahrheit muss beides gleichzeitig entstehen: Tankstelle und Auto. Das Henne-Ei-Problem ist künstlich, denn Henne und Ei bilden in diesem Fall einen so engen, symbiotischen Zusammenhang, dass man sie zeitlich nicht voneinander isolieren kann.

Fassen wir zusammen: Sieht man einmal von der Kernspaltung ab, gibt es nur eine einzige primäre Energiequelle: Die in der Sonne ablaufende Kernfusion von Wasserstoff zu Helium. Von ihrem Quantenabfall leben wir. Alle sekundären Energiequellen sind Ableitungen des Sonnenfeuers. Sie ist die Hauptwährung. Öl, Gas, Kohle, Elektrizität sind nach unterschiedlichen Wechselkursen ausgezahlte Nebenwährungen. Eine davon, die fossilen Energieträger, wird in absehbarer Zeit ausgegeben sein. Das ist eine unstrittige Tatsache. Dass wir jetzt immer noch hauptsächlich von ihr unseren Energiebedarf bestreiten, hat etwas von Winterschlussverkauf an sich oder, wenn man so will, von Inflation.

Werfen wir noch einmal einen Blick auf die Energiebilanz der Menschheit. Zwei Entwicklungen behindern bisher alle Versuche, die Schadstoffproduktion, die zumindest teilweise für die Klimaerwärmung verantwortlich ist, zu verringern: Einmal die nach wie vor stattfindende Bevölkerungsexplosion und zum zweiten der wachsende Lebensstandard und der damit steigende Energieverbrauch pro Kopf in den Schwellenländern und den armen Ländern. Beide Faktoren wirken in die gleiche Richtung: Sie überkompensieren die Versuche der Industrienationen, ihre Pollution an Treibhausgasen, vor allem CO_2, zu verringern.

Die Prognosen, wie lange wir noch auf Erdöl zurückgreifen können, sind naturgemäß unterschiedlich. Die sicher optimistischste Einschätzung kommt selbstredend von der Erdölindustrie, vom Kartell der Vertreiber fossiler Energieträger: vierzig Jahre. Das scheint beruhigend lange, denn bei der Rasanz der Entwicklung neuer Technologien wird sich in vier Jahrzehnten schon Ersatz finden lassen. Doch selbst wenn man diesen Zeitraum gelten lässt – er unterschätzt vermutlich die wachsende Gier der Schwellenländer nach Energie und setzt auch zu sehr auf Ressourcen, die teuer und schwer abzubauen sind und zudem hohe Umweltgefahren mit sich bringen wie der Abbau von erdölhaltigem Schiefergestein: Entscheidend ist, dass das Öl schon viel früher extrem teuer wird – so teuer, dass es das Wirtschaftsleben negativ beeinflusst. Es ist wie mit altem Rotwein, der auch keine nachwachsende Ressource ist. Es gibt zwar noch genug in den Kellern, aber die Preise steigen mit jedem Jahr, weil es ein seltenes Produkt ist, weil sich mit steigender Nachfrage automatisch sein Wert erhöht.

Nennen wir zunächst die Vorteile der Brennstoffzelle: geräuscharm, vibrationsarm, keine beweglichen Verschleißteile, günstiger Wirkungsgrad, modularer Aufbau, dadurch die Möglichkeit, sich kostengünstig dem jeweiligen Energiebedarf anzupassen. Ihre Nachteile: Die Brennstoffzelle ist mehr noch als ein moderner Ottomotor eine Blackbox, das heißt, man kann weder hineinsehen noch hineinhören. Es gibt kein verräterisches Klopfen, kein Ächzen oder Rasseln, das dem erfahrenen Automechaniker erste Diagnosen ermöglicht. Dessen Beruf wird sich notgedrungen wandeln zum Elektrochemiker. Zu den Nachteilen gehören leider auch immer noch die vergleichsweise hohen Kosten und die Empfindlichkeit einer Brennstoffzelle. Deshalb privilegieren Autohersteller wie MAN derzeit noch den klassischen, mit Wasserstoff betriebenen Verbrennungsmotor. Angestrebt wird hierbei eine 700-Bar-Technologie der Speicherung von Wasserstoffgas. Das würde die Reichweite eines Wasserstofffahrzeugs gegenüber der heute üblichen Speicherung in Druckbehältern bei 350 Bar verdoppeln. Doch wird der Rückgriff auf Verbrennungsmotoren eine klassische Übergangstechnologie bleiben.

Auf Dauer wird sich die Brennstoffzelle auf Grund ihres höheren Wirkungsgrades gegenüber dem Verbrennungsmotor durchsetzen. Wir wissen inzwischen: Der Wirkungsgrad ist immer ein echter Bruch – der Anteil, der bei einer aufgewandten Energie wirklich in Leistung umgesetzt wird (nutzbar gemacht wird). Konventionelle Wärmekraftmaschinen erreichen auf Grund physikalischer Gesetze niemals einen höheren Wirkungsgrad als vierzig Prozent. Sie sind nämlich Carnotmaschinen. Brennstoffzellen, die man auch als kaltes Feuer bezeichnet, unterliegen nicht den Grenzen des Carnotprozesses. Ihr Wirkungsgrad kann wesentlich höher sein, bis zu achtzig Prozent betragen, im Idealfall sogar um 94 Prozent. Allerdings liegt der Systemwirkungsgrad, bei dem alle Verlustmöglichkeiten eines Aggregats in Rechnung gestellt werden, deutlich niedriger.

Ein Problem bei Brennstoffzellen stellt die Tatsache dar, dass sie nur Gleichstrom liefern. Dieser muss durch einen DC/AC-Wandler (Wechselrichter) in Wechselstrom verwandelt werden, um einen Elektromotor speisen zu können. Hierdurch sinkt der Wirkungsgrad erheblich. Bei Ottomotoren werden wegen des Carnotprozesses nur 16 bis 18 Prozent erreicht, bei Dieselmotoren auf Grund der höheren Betriebstemperatur bzw. des höheren Druckes 22 bis 24 Prozent. Brennstoffzellensysteme erreichen, bezieht man den Wechselrichter zur Erzeugung von Wechselstrom und die Verluste des Elektromotors mit ein, heute schon einen Wirkungsgrad von fast vierzig Prozent am Rad. Dieser Wert wird sich laufend verbessern.

Kommen wir zum Schluss auf die Chancen einer flächendeckenden Einführung der Brennstoffzelle als Stromerzeuger. Es ist wie bei dem Versuch, einen Buchbestseller zu erzielen: Das Werk muss in genügend großer Anzahl im Markt vorhanden sein, um jenen Flächenbrand auszulösen, der zum Bestseller führt. Neben dieser Initialzündung, einer kritischen Masse an Einzelexemplaren sozusagen, muss aber auch die entsprechende Infrastruktur vorhanden sein – sprich, die flächendeckende Anzahl von Büchertischen in Läden. Genau nach diesem Prinzip müssten genügend Brennstoffzellen gebaut werden: bei gleichzeitiger Bereitstellung einer Infrastruktur der Brennstoffversorgung. Ei und Henne sind wie gesagt nur gemeinsam möglich.

Hier gibt es noch erhebliche Hürden zu nehmen. Es kann übrigens gut sein, dass der Vorreiter weder das Brennstoffzellenauto, noch das Brennstoffzellenkraftwerk im Haus sein wird, sondern Laptop und Handy. Sobald es gelungen ist, für diese Geräte mittels winziger Brennstoffzellen eine dreimal so lange Betriebszeit wie bisher zu erreichen, werden sie auf dem Markt erscheinen, zusammen mit der entsprechenden Nahrung aus kleinen Wasserstoffflaschen. Dies würde die Akzeptanz einer Wasserstoffwirtschaft stark erhöhen und das Einfallstor in ihre Realisierung bilden.

Der Begriff der Energie hat neben seiner physikalischen auch eine metaphorische Bedeutung. Er zielt auf soziale und anthropologische Verhältnisse. Man kann zum Beispiel, wie Rifkin und andere es getan haben, den Aufstieg und Niedergang von Hochzivilisationen unter dem Aspekt des Zuflusses und Abflusses von Energie interpretieren, thermodynamisch also. Der »Durchsatz« von Energie scheint umso höher, je höher eine Gesellschaft kulturell und technisch entwickelt ist. Dies liegt daran, dass Gesellschaften genauso wie Individuen metastabil sind, dass sie dissipative Systeme darstellen, die nur durch den Verzehr von Energie dem Sog wachsender Entropie, der Tendenz ihrer Strukturen zum Zerfall ins Chaos, widerstehen können. Hierarchien sind in diesem Fall notwendige Strukturen, die den Energiedurchsatz kanalisieren.

Deshalb haben auch unterschiedliche Energieträgerphasen der Menschheit unterschiedliche Hierarchien und Bürokratien hervorgebracht. Zuerst war Holz der Hauptenergieträger. Von der grauen Vorzeit bis ins 18. Jahrhundert hinein. Dieses System war dezentralistisch. Überall, wo es Wälder gab, konnten kleinere Einheiten des Energieträgers gewonnen und mittels Pferdewagen an die Verbraucher verteilt werden. Das Ergebnis war eine gigantische Abholzung der Erde.

Dann folgte Kohle bis ins 19. Jahrhundert. Hier war die Gewinnung bereits mühseliger und standortspezieller – vor allem, als es darum ging, unterirdische Flöze abzubauen. Die Folge war eine Verstärkung disparater Machtverhältnisse, das Entstehen von Konzernen, mit ihnen von Geldkonzentration. Infrastrukturen, Transportsysteme wurden wichtiger und bekamen eine Eigendynamik, und dies bedeutete wiederum eine Vergrößerung der Bürokratien und eine Verschlimmerung von Kriegsfolgen. England verdankte seinen reichen Kohlevorkommen den schnellen Aufstieg zur Industrienation. Dann wurde es von Amerika als Großmacht überholt, denn ein neuer Energieträger wurde entdeckt: das Öl. Und Russland verdankt heute seine relativ große gesellschaftliche Stabilität hauptsächlich seinen Erdgasvorkommen, während Amerika sein eigenes Öl so gut wie verbraucht hat und sich nun bei dem Versuch, seinen gigantischen Energiehunger zu stillen, die Finger verbrennt.

Beim Übergang zur Öl/Gas-Wirtschaft verstärkte sich die ungesunde Tendenz zur Hierarchisierung und Zentralisierung von Macht weiter. Die Ölgesellschaften und die Ölmultis entwickelten sich zu den heimlichen Häuptlingen des Weltgeschehens. Waren für das Kohlezeitalter die Güterzüge das Verteilungsmittel und Symbol schlechthin, sind es jetzt Tanker und Pipelines, beides bekanntlich ziemlich anfällige Komponenten. Einerseits sind nun eine in der Menschheitsgeschichte nie zuvor gekannte erschwingliche Mobilität (Billigflieger) und ein extremer Wohlstand in manchen Regionen Effekte dieser Entwicklung der Kohlenwasserstoff-Energiewelt, aber leider auch Klimaerwärmung, Massenarmut und wachsender Terrorismus. Kulturpessimisten würden aus diesen Indizien und Charakteristika den Anfang vom Ende der letzten globalen Hochkultur herauslesen.

Kann eine auf Wasserstoff basierende Wirtschaft diese Entwicklung aufhalten? Kann sie sie sogar umkehren? Die Frage ist rhetorisch, die Antwort hypothetisch. Wir können uns in diesem Zusammenhang allerdings vorstellen, dass – wenn Bauern zu Energiewirten und Energiewirte zu Wasserstoffwirten werden – wir vieles wieder zurückbekommen, was seit der Holzzeit verloren ging: Dezentralisierung und Kleinteiligkeit der Verhältnisse zum Beispiel. Man kennt seinen Energielieferanten wieder wie einst den Holzhändler. Es kann also teilweise wieder gemütlicher zugehen, mit der eigenen Brennstoffzelle im Haus.

Jeder Übergang zwischen den Energieträger-Epochen war mit gewaltigen sozialen Spannungen, aber auch mit einem enormen Technologieschub verbunden. So wird es auch diesmal sein. Außerdem ist erstmals die volumenbezogene Energiedichte des Trägers wieder niedriger, und er ist auch noch schwerer zu gewinnen, das heißt unter noch größerem Einsatz von Technik, Strom und dergleichen. Doch diese Nachteile werden mehr als aufgewogen durch drei entscheidende Vorteile: Zum einen können zu seiner Erzeugung im Unterschied zu den fossilen Energieträgern alle möglichen regenerativen Energien verwendet werden, seien es Biomasse, Wasserkraft, Windkraft, Solarenergie, Erdwärme, Gezeiten. Daneben steht auch Kernkraft zur Verfügung, die möglicherweise zum Anschub einer globalen Wasserstoffwirtschaft noch einmal gebraucht wird. In dieser Vielseitigkeit liegt der Charme des Energiespeichers Wasserstoff, aber natürlich auch in seiner Umweltverträglichkeit. Außerdem kann sich die Menschheit mit seiner Hilfe endlich von den Carnotprozessen der Wärmekraftmaschinenwelt abkoppeln und dadurch erheblich Energie einsparen. Und schließlich hat die globale Verfügbarkeit dieser regenerativen Energien eine Demokratisierung der geopolitischen Situation zur Folge. Dies bedeutet ein Sinken der »politischen Umweltbelastung«.

Doch ist wirklich alles Friede-Freude-Wasserstoffkuchen? Mittlerweile gibt es auch kritische Stimmen, die am No-Pollution-Image der Wasserstofftechnologie kratzen. Verlaufen ihre Prozesse bei hohen Temperaturen, werden zum Beispiel Stickoxide freigesetzt, das heißt, Sauerstoff reagiert mit dem in der Atmosphäre enthaltenen Stickstoff zum Gift Stickoxid. Am California Institute of Technology hat eine Arbeitsgruppe unter Leitung von Y. L. Yung darauf hingewiesen, dass anthropogene Wasserstoffemissionen, das heißt von Menschen verursachte Freisetzung von Wasserstoff (Leckagen, Unfälle und Ähnliches), die Umwelt schädigen könnten. Zwar reagiert freigesetzter Wasserstoff nicht in der Troposphäre, in der Stratosphäre bildet er jedoch in Verbindung mit Sauerstoff Wasserdampf. Dies ist gleichbedeutend mit Abkühlung.
Bildung von Niederschlag, Ausfällen von Wasserdampf ist technologisch gesehen eine Kältemaschine. Ein solcher Kühl-

schrankeffekt könnte das Ozonloch vergrößern bzw. es sich länger halten lassen. Auch negative Auswirkungen auf die Albedo der Erde, das heißt das Rückstrahlvermögen von Sonnenlicht, schließt die Gruppe nicht aus. Kritiker werfen ihr jedoch im Gegenzug vor, dass Yung und seine Leute von einer viel zu hohen anthropogenen Freisetzung von Wasserstoff ausgehen.

Neuerdings gibt es ein Horrorszenario, das amerikanische Wissenschaftler entwickelt haben und in dem sie behaupten, dass die Umstellung auf Wasserstoff schon deshalb keinen Sinn mache, weil allein für die Energieversorgung der Autofahrer in den Staaten ein Windpark von der Größe Kaliforniens nötig sei (oder wahlweise der Bau von tausend Kernkraftwerken). Solche Vorstellungen sind leicht als tendenziös zu entlarven. In diesem Fall liegen den Berechnungen veraltete Produktionsmethoden von Wasserstoff zu Grunde. Überhaupt wird von den Skeptikern gerne unterschlagen, wie rapide die technologische Entwicklung im Bereich erneuerbarer Energien voranschreitet.

In Wahrheit werden hier ständig Fortschritte gemacht und somit Berechnungen und Prognosen über den Haufen geworfen. Dies gilt etwa für die neue Tiefbohrung im schwäbischen Unterhachingen nach Erdwärme bzw. Wasser, das heiß genug ist (über hundert Grad), um für den Antrieb von Dampfturbinen geeignet zu sein. Ein anderes Beispiel wären die laufend verbesserten Wirkungsgrade von Solarzellen oder von Windkrafträdern; so befindet sich in Brunsbüttel derzeit eine gigantische Windmühle in der Erprobung, die den Offshore-Windparks in der Nordsee einen deutlich verbilligten Stromerzeugungspreis bescheren soll.

Der Fortschritt ist, jedenfalls was Technologien anbelangt, keine Treppe, sondern eine Rutschbahn, ein dynamisches System, das sich häufig in einer geometrischen Reihe, also exponentiell und nicht linear entwickelt. Man denke nur an die explosive Entwicklung der elektronischen Medien im 20. Jahrhundert. Wer hätte beim ersten Auftritt eines Detektorradios an

Plasmabildschirme, DVD, Laptops, Handys und Ähnliches gedacht? Selbst die Experten auf dem Gebiet der drahtlosen Nachrichtenübermittlung wären hoffnungslos überfordert gewesen, ein zutreffendes Szenario über achtzig Jahre Entwicklung zu entwerfen. Und genau so ist es derzeit, was die Vision einer Wasserstoffwirtschaft anbelangt.

Gewiss, ihre Entwicklung wird nicht ruckartig vonstatten gehen, sondern zunächst allmählich verlaufen. Die Würfel fallen nicht heute, sie fallen morgen und übermorgen und jeden weiteren Tag. Wir haben schon darauf hingewiesen, dass es jede Menge Übergangstechnologien geben wird, wie Hybridfahrzeuge zum Beispiel. Doch werden in diesen Technologien auch Bestandteile wie Steuerteile, Elektromotore entwickelt, die für echte Wasserstoffautos geeignet sind. BMW zum Beispiel geht in einer Dreistufenentwicklung vor, um den Übergang zu einer eine völlig neue Infrastruktur benötigenden Wasserstoffversorgung zu erleichtern:

1. die CNG-Technik (Compressed Natural Gas – komprimiertes Erdgas). Sie gibt es seit etlichen Jahren. Ihr Problem: niedrige Reichweiten.

2. die LNG-Technik (Liquified Natural Gas – verflüssigtes Erdgas). Bei ihr werden die Druckspeicher (ähnlich den bekannten Propangasflaschen) ersetzt durch hochisolierte Speicher für tiefkalte Flüssigkeiten. Vorteil: Benzinfahrzeugen vergleichbare Reichweiten.

3. die LH_2-Technik (entspricht der LNG-Technik). Der Speicher (Tank) wird mit -253 Grad kaltem flüssigen Wasserstoff gefüllt. Dies geschieht vollautomatisch an Robottankstellen. Einer ihrer Prototypen steht am Münchener Flughafen, die legendäre Münchener Wasserstofftankstelle, genannt »der kalte Finger«. Ihr Tank musste ursprünglich nach drei Tagen wegen Erwärmung und damit steigendem Druck im Wasserstoff entlastet werden. Inzwischen erreicht man mit flüssiger Luft als Schutzschild eine Standzeit von zwanzig Tagen.

Die langsame Übergangsphase wird irgendwann einer beschleunigten Phase weichen. Der Hauptdruck wird von den
Energiepreisen ausgehen. Als Rifkin im Frühjahr das Buch ›Die
H$_2$-Revolution‹ schrieb, lagen die Ölpreise bei 24 US-Dollar
pro Barrel. Innerhalb von drei Jahren haben sie sich mehr als
verdoppelt. Es sieht so aus, dass bereits in den nächsten zehn
bis 15 Jahren der Preisdruck so groß wird, dass die alternativen
Energien konkurrenzfähig werden. Dann wird es rapide gehen,
denn es ist nicht möglich, alternative Energie in fossilen Trä-
gern zu speichern. Die werden zwar noch nicht verbraucht
sein, aber die »Ölscheide« wird erreicht sein, das heißt, die
Hälfte der Vorräte wird verbraucht sein und damit bei weiter
wachsendem Energiebedarf der Öl- und Erdgaspreis exponen-
ziell steigen. Und dann wird die Ölscheide fast wie von selbst
in eine Wasserscheide übergehen.

Neben Island und Hawaii werden Japan, aber auch Westka-
nada und Florida zu den Vorreitern einer Wasserstoffwirtschaft
zählen. Ich sprach darüber mit Patrick Schnell, der als Leiter
der Abteilung »Nachhaltige Entwicklung/Neue Energien« bei
der französischen Ölfirma Total über den Verdacht erhaben ist,
ein Wasserstoff-Euphoriker zu sein. Er hält es für realistisch,
um das Jahr 2020 mit einer serienmäßigen Einführung von
Wasserstoffautos zu rechnen. Doch schon vorher werden so
genannte »Leuchtturmprojekte« für eine Vorbereitung der H$_2$-
Wirtschaft sorgen.

In Europa werden vier bis fünf Musterregionen ausgewählt
werden, die eine besondere finanzielle Unterstützung erhalten,
um Wasserstoffprojekte zu erproben. Es geht dabei um erhebliche Summen – Milliarden-Euro-Beträge –, von denen die
Hälfte die Industrie, ein Viertel die Europäische Union und
ebenfalls ein Viertel die jeweils geförderten Regionen tragen
sollen. Konkret werden diese Projekte voraussichtlich in den
Jahren 2007 bis 2015. Man kann davon ausgehen, dass die
großen Energiekonzerne, die heute noch scheinbar auf fossile
Ressourcen fixiert sind, sich das Heft nicht aus der Hand neh-

men lassen werden, wenn es um das Umsteuern der Energie-wirtschaft geht. Herr Schnell hat übrigens, wie er mir sagte, sel-ber verschiedene Brennstoffzellenautos gefahren und äußerte sich sehr positiv von dem damit verbundenen Fahrvergnügen. Es muss ein wenig dem Autoscooterfahren ähnlich sein, geräuschlos, vibrationsfrei, mit schnellem Anzug.

In Deutschland ist leider das Fehlen einer Geschwindig-keitsbegrenzung pädagogisch gesehen ein Handicap bei der Umerziehung der Autofahrer. In Ländern wie Kanada und Amerika wird es daher vermutlich einfacher sein, die Konsu-menten zum H_2-Auto zu bekehren. Das entscheidende Stich-wort in diesem Zusammenhang heißt »Hydrogen Highway«. Gemeint ist damit eine Kette von Schwerpunkten, an denen Wasserstoff erzeugt und in Tankstellen angeboten wird. Sie bil-den die Kerne von sich überlappenden Zonen, in denen eine Nutzung des neuen Brennstoffs möglich ist.

Ein solcher Highway entsteht zur Zeit im Südwesten von British Columbia (Kanada). Er verbindet die Städte Whistler, Vancouver, Surrey und Victoria. In Kalifornien entsteht ein ähnlicher Hydrogen Highway. Niemand anderer als der große »Terminator«, Gouverneur Arnold Schwarzenegger, ist Pate dieses Großprojektes. Bereits jetzt gibt es mehr als ein Dutzend Wasserstofftankstellen in Kalifornien, bis 2010 sollen es mindes-tens 150 sein. Dann wird man an den wichtigsten Autobahnen alle zwanzig Meilen H_2 tanken können. Gleichzeitig wird die Flotte von Wasserstoffautos kontinuierlich wachsen, zunächst zu Demonstrationszwecken, zum »Anfüttern« der Privatleute sozusagen. Hauptmotiv ist die hohe Luftverschmutzung in Kalifornien. Derzeit ist dort der Verkehr der Hauptsünder mit sechzig Prozent Ausstoß von Treibhausgasen.

Aber auch ökonomische Motive treiben diese Vision an. Man will bei der Entwicklung neuer Technologien ganz vorne dabei sein, wie jetzt schon Kanada (seit Ballard!) und Japan, wo sich Toyota in der H_2-Forschung enorm engagiert. Langfristig sollen übrigens der kalifornische und der columbianische

Highway miteinander verbunden werden. Man treibt sozusagen von zwei Seiten her einen Tunnel in die Zukunft voran. Dies ist die neue Roadmap der Energieversorgung der kommenden Generationen.

Fazit

Bisher wurden ungefähr 800 Milliarden Barrel Öl aus dem Schoß von Mutter Erde herausgepumpt. Viele Erdölfallen sind bereits praktisch ausgeblutet, man treibt daher immer mehr technischen Aufwand, um Öl auch aus weniger günstigen Becken herauszuholen. Bald wird man auch minderwertige Lagerformen wie Erdölschiefer und Teerschlämme abbauen – unter gewaltigen Kosten und mit den Folgen großer Umweltschäden. Doch die Innovationskraft der Wissenschaftler und Ingenieure wird die Oberhand gewinnen über die Trägheit der Politik und der Menschen. So war es immer. Neugier dominiert die Starrheit schließlich doch und verwandelt sie in Dynamik. Einiges wird sich ändern. Das meiste wahrscheinlich zum Positiven. Das allgemeine Lebensklima, die Ökologie des Gemüts wird sich wandeln, denn der Umgang mit Energie und deren Eigenschaften hängt nicht nur mit praktischen Überlegungen zusammen, sondern auch mit irrationalen Aspekten. Sie haben etwas mit »Atmosphäre« zu tun im weitesten Sinne des Wortes.

So könnte ich mir denken, dass zwar die Technologie der Energiegewinnung und des Energieverbrauchs im Einzelnen immer undurchschaubarer wird – immer mehr einer Blackbox gleicht, wie wir am Beispiel Brennstoffzelle gesehen haben. Doch werden die verschiedenen Wege der Energienutzung in einem intelligenten Netz aus Groß- und Kleinkraftwerken für den Verbraucher klarer und einsehbarer. Er erreicht zudem mittels seiner im Haus installierten Technik mehr Mitbestimmung und damit das Gefühl, nicht mehr nur Opfer von Konzernpolitik zu sein. Als Ausgleich für die Entsinnlichung wird ihm als Energiebürger größere Gerechtigkeit zuteil.

Manche werden natürlich auch etwas vermissen. Man wird zum Beispiel ein sonores Auspuffgeräusch nicht mehr als erotisch empfinden können. Schwer vorstellbar auch, dass die Formel 1 mit leisen Brennstoffzellenautos funktioniert. Doch wird es dann wie immer bei einer Verwandlung von Hochtechnologie ins Museale und Nostalgische kleine Fanclubs und Vereine geben, die sich weiter um die Vehikel fossiler Energie kümmern, so wie es heute bei Postkutschen und Dampfloks der Fall ist. Das wird zum allgemeinen Entertainment beitragen, jedoch die Umwelt nicht mehr belasten.

Fest steht: Irgendwann in absehbarer Zeit wird es eine wachsende Wasserstoffwirtschaft neben einer schwindenden Erdöl-/Erdgas-Wirschaft geben. Übergangstechnologien werden den Umstieg erleichtern. Die bessere Bilanz im Hinblick auf Wirkungsgrad und Umweltbelastung wird die Wasserstoffwirtschaft als Sieger aus dieser Konkurrenz hervorgehen lassen. Erdöl und Erdgas werden dann endlich als kostbare und nicht erneuerbare Ressourcen für andere, edlere Zwecke als die Erzeugung von Wärme und Mobilität zur Verfügung stehen.

So billig wie zur Zeit sprudelnder Quellen in den vergangenen Jahrzehnten wird Energie allerdings nie wieder werden. Es sei denn, irgendwann gelingt es den Menschen, das Sonnenfeuer auf die Erde zu holen.

Anhang

Bibliographie

Uwe Bastiansen: ›Wasserstoff. Der Energieträger der Zukunft‹. Frankfurt am Main 1987.

Bockris/Justi: ›Wasserstoff. Energie für alle Zeiten‹. München 1980.

Campbell, Liesenborghs, Schindler, Zittel: ›Ölwechsel‹. München 2002.

Sven Geitmann: ›Wasserstoff und Brennstoffzellen‹. Berlin 2002.

Sven Geitmann: ›Wasserstoff und Brennstoffzellenprojekte‹. Berlin 2002.

Tom Koppel: ›Energie der Zukunft‹. Weilersbach 2003.

Ledjeff-Hey/Mahlendorf/Roes: ›Brennstoffzellen‹. Heidelberg 2001.

Walter Peschka: ›Flüssiger Wasserstoff als Energieträger‹. Wien, New York 1984.

Jeremy Rifkin: ›Die H_2-Revolution‹. Frankfurt am Main 2002.

Winter/Nitsch: ›Wasserstoff als Energieträger‹. Berlin, Heidelberg, New York, Tokyo 1986.

Register